Rudolf Lensing-Conrady

Mathe bewegt!
Vom Körperraum zum Zahlenraum

Ich widme dieses Buch meinem Vater,

der in unserer Kindheit zur Weihnachtszeit die Verteilung der Nüsse des Öfteren mit dem Spiel „Paar oder Unpaar?" verband. Er griff in einen Sack, fasste einige Nüsse und zeigte dann seine geschlossene Faust und wir durften der Reihe nach raten, ob sie wohl eine gerade oder ungerade Zahl von Nüssen beinhaltete. Er öffnete dann die Hand und wir konnten nachzählen – meistens sah man das aber schon auf einen Blick. Wer richtig lag, bekam die Nüsse. Für dieses Spiel verwendete er erst eine Hand, später dann auch beide Hände. Das begrüßten wir freudig, denn da kamen ja mehr Nüsse zusammen.

Das hat uns unheimlich viel Spaß gemacht – und keiner hat mehr gerade mit ungeraden Zahlen verwechselt. Einfache Addition verlief ohne Mühe. Wir haben natürlich auch gemerkt, dass nachher alle eine fast gleiche Anzahl von Nüssen auf dem Teller hatten. Ich schätze, unser Vater hat sich da nicht ganz auf die Wahrscheinlichkeitsrechnung verlassen, die diese Ergebnisse bei genügend Versuchen vorhergesagt hätte. Zumindest haben wir ihn mal dabei erwischt, dass er die eine Nuss, die er in der linken Hand hielt, heimlich fallen ließ, als die andere das geratene Ergebnis „Paar" schon enthielt.

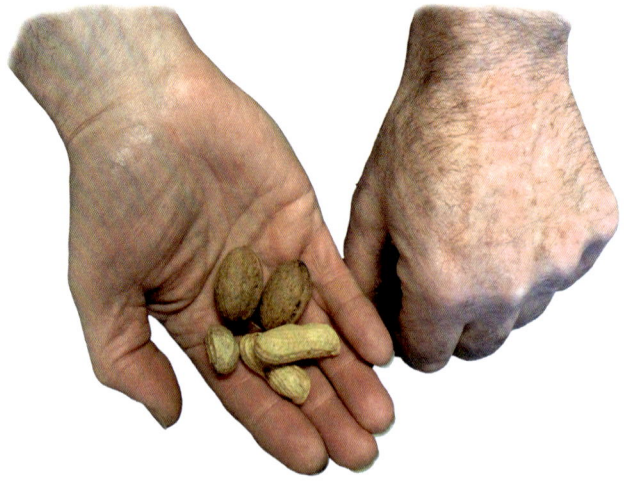

Rudolf Lensing-Conrady

Mathe bewegt!

Vom Körperraum zum Zahlenraum

Unser Buch-Shop im Internet:
www.verlag-modernes-lernen.de

© 2015 by SolArgent Media AG, Division of BORGMANN HOLDING AG, Basel

Veröffentlicht in der Edition:
verlag modernes lernen Borgmann GmbH & Co. KG
Schleefstraße 14 · D-44287 Dortmund

Gesamtherstellung: Löer Druck GmbH, Dortmund

Bestell-Nr. 1254   ISBN 978-3-8080-0733-4

Urheberrecht beachten!
Alle Rechte der Wiedergabe dieses Fachbuches zur beruflichen Weiterbildung, auch auszugsweise und in jeder Form, liegen beim Verlag. Mit der Zahlung des Kaufpreises verpflichtet sich der Eigentümer des Werkes, unter Ausschluss der § 52a/b und § 53 UrhG., keine Vervielfältigungen, Fotokopien, Übersetzungen, Mikroverfilmungen und keine elektronische, optische Speicherung und Verarbeitung (z. B. Intranet), auch für den privaten Gebrauch oder Zwecke der Unterrichtsgestaltung, ohne schriftliche Genehmigung durch den Verlag anzufertigen. Er hat auch dafür Sorge zu tragen, dass dies nicht durch Dritte geschieht. Der gewerbliche Handel mit gebrauchten Büchern ist verboten. Zuwiderhandlungen werden strafrechtlich verfolgt und berechtigen den Verlag zu Schadenersatzforderungen.

Inhalt

Vorwort		7
1. Einführung		9
2. Basiskompetenzen		23
2.1	Zur sensomotorischen Wahrnehmung der Befindlichkeit	25
2.1.1	*Balance: Stabilität und Labilität im physikalischen Kräftefeld*	*27*
2.1.2	*Lernen in Bewegung*	*30*
2.1.3	*Archaische Aktivitäten*	*31*
2.2	Zur psychosozialen Wahrnehmung des Selbst	32
2.3	Resilienz – zur Stärkung der Widerstandskraft	36
2.4	Wahrnehmung, das Tor zur Welt	39
3. Risikokompetenz: Lernen ist das Aufgeben von Sicherheit		45
3.1	Ein Dilemma als Grundimpuls	48
3.2	Zur Stärkung der Risikokompetenz	56
4. Lernvoraussetzungen		61
4.1	Vorwissen: Intuitives Wissen von Kindern	63
4.1.1	*Wissen – Entscheiden – Handeln*	*69*
4.1.2	*Unterstützung intuitiven Wissens durch Psychomotorik*	*74*
4.2	Neugier, Kreativität, Interesse, Selbstwirksamkeitserfahrungen und soziale Unterstützung	77
4.3	Anregungsreiches Lebensumfeld	79
5. Lernschwierigkeiten		83
5.1	Dyskalkulie	85

5.2	Kindheit im sozialen Wandel	88
5.3	Bildungssystem und Bildungswahn	92
5.4	Fazit	94

6. Fördermaßnahmen 95

6.1	Mathematik psychomotorisch vorbereiten	98
6.1.1	*Visuelle Operationen*	*98*
6.1.2	*Auditive Wahrnehmung*	*100*
6.1.3	*Rhythmus*	*104*
6.1.4	*Auge-Hand-Koordination*	*108*
6.1.5	*Raum-Lage-Beziehung*	*118*
6.1.6	*Gedächtnisleistung*	*121*
6.1.7	*Mengenerfassung*	*123*
6.1.8	*Zahlverständnis*	*125*
6.1.9	*Schreiben und Lesen von Ziffern*	*129*
6.1.10	*Fein- und Grobmotorik*	*129*
6.2	Fördermaßnahmen: Schulische Kompetenzbereiche	131
6.2.1	*Raum und Form*	*131*
6.2.2	*Muster und Strukturen*	*137*
6.2.3	*Größen und Maße*	*141*
6.2.4	*Daten, Häufigkeiten und Wahrscheinlichkeiten*	*145*
6.2.5	*Zahlen, Ordnungen und Operationen*	*147*

7. Perspektiven 157

Literatur 161

Anhang 169

Fotonachweis 171

Verzeichnis der Spiele 172

Bezugsadressen 174

Vorwort

Mathematik ist allgegenwärtig. Sie steckt in jeder Milchtüte und jedem Überraschungsei. Sie hat ihre Wurzeln im Erkenntnisfortschritt der Evolution und Zivilisation und erleichtert auf vielfältige Weise unseren Alltag. Mathematik ist kein isolierter Denkbereich, sondern Teil einer hilfreichen Denkstruktur. Gleichwohl ist sie nicht selten angstbesetzt und wird von vielen Menschen als lebensfern wahrgenommen. Mathe sei etwas, das nur bestimmten Menschen zugänglich sei.

Ausgangspunkt der diesem Buch zu Grunde liegenden Überlegungen ist ein nach Meinung des Autors bislang zu wenig betrachteter Paradigmenwechsel: Noch bis in die 80-er Jahre war Mathematik Herrschaftswissen. Wer im Unterricht nicht mitkam, dem fehlte eben die entsprechende Begabung. Dann aber wurden mathematikdidaktische und methodische Bemühungen immer zahlreicher und ausgefeilter, die Mathematik kindgemäßer, motivierender und vielfältiger aufbereiteten und auf die Lebenswelt bezogen. Mathematik für alle!

Weitgehend unberücksichtigt blieben dabei allerdings die sich gleichzeitig verändernden Lebensbedingungen von Kindern, die im Rahmen einer „unausgewogenen Sinneskost" (Hurrelmann 1991) gerade die körperlichen Raumerfahrungen zu kurz kommen lassen. Damit wird ein grundlegender Ausgangspunkt der Denkentwicklung – der Körperraum – vernachlässigt.

Ziel des Buches ist, diese Lücke zu schließen. Die sinnliche Erfahrung des eigenen Körpers und die Körperlichkeit der Dinge bilden die Grundlage mathematischen Denkens. Mathematik wird entdämonisiert und als selbstverständlicher und nützlicher Teil unserer Alltagsbewältigung wahrnehmbar, der sogar Spaß machen kann.

Ist 7 viel? Diese kleine Frage aus einem Buch zum Philosophieren mit Kindern (Damm 2003) hilft ihnen, „hinter die Kulissen" zu schauen:

Nicht die Ziffer ist von Bedeutung, sondern der Inhalt, für den sie steht. 7 Kugeln Eis können sehr viel sein, 7 Legobausteine sind definitiv zu wenig, um etwas Schönes zu bauen. Wir müssen Zahlen in Beziehung setzen, damit sie Sinn machen und dadurch auch Ziel einer Aufmerksamkeit, eines Interesses werden können.

Aus diesem Blickwinkel sollen Möglichkeiten einer unterstützenden pädagogischen Einflussnahme auf die Denkentwicklung von Kindern aufgezeigt werden. Dazu werden Einflussfelder diskutiert, in denen mathematisches Denken entsteht, angewandt und gefördert wird:

- Basiskompetenzen als Ankerpunkte
- Risikokompetenz als zentrale Motivationsmaschine
- Lernvoraussetzungen als individuelle und systemische Umgebung
- Lernschwierigkeiten als Stolperfallen und Denkanstoß

Auf dieser Grundlage stehen **Fördermaßnahmen und Praxisvorschläge im Mittelpunkt** dieses Buches. Diese Vorschläge beziehen sich zunächst auf die psychomotorische Vorbereitung mathematischer Denkprozesse und orientieren sich dann an schulischen Kompetenzbereichen wie sie den modernen Lehrplänen für Grundschulen zugrunde liegen.

1. Einführung

PISA und was wir daraus lernen sollten

Als im 12. Jahrhundert der Turm von Pisa gebaut wurde, war dem Bauprozess angesichts der Größe des Bauwerkes natürlich auch ein längerer Planungsprozess vorausgegangen. So ein Bauwerk war natürlich auch zu dieser Zeit ein kostenintensives Vorhaben, das nicht einfach „aus der Hosentasche" finanziert werden konnte. Deshalb war man so entsetzt, dass sich das Gebäude bereits in der Bauphase zur Seite neigte. Was war zu tun? Der versammelte Sachverstand trat an, Lösungen zu suchen, die dann in zwei konkreten Maßnahmen mündeten: Zum einen wurden die längsten Baumstämme aus dem Wald geholt, die man finden konnte, und als Stützen an den Turm gestellt. Wohl wissend, dass es sich hierbei nur um eine zeitlich begrenzte Möglichkeit handelte, das weitere Kippen zu vermeiden, wurde in einem zweiten

Schritt versucht, den Turm wieder aufzurichten. Dies sollte durch Kontergewichte geschehen, die man mit langen Auslegern aus den Fenstern der oberen Geschosse hängte. Auffällige Geräusche und Risse im Bauwerk führten dazu, dass dieser Versuch schnell abgebrochen wurde und es blieb erst einmal bei den Stützen.

Etwa alle 200 Jahre kamen in der Folgezeit wieder Sachverständige der jeweiligen Zeit zusammen, um neue Lösungen für die Erhaltung des immer einsturzgefährdeten Turmes zu diskutieren, aber sie fanden keine Lösung – bis ins Jahr 2001. Jetzt erst konnte die Erfolgsmeldung über alle Medien verbreitet werden, dass die Sicherung des Turmes gelungen ist. Was hatte man gemacht? Die fortgeschrittene Technik erlaubte es mittlerweile, den ganzen Turm anzuheben und darunter ein solides Fundament zu errichten, auf dem der Turm inzwischen, aus touristischen Gründen immer noch in Schräglage, aber sicher steht. Schwer zu glauben, dass ein solches Fundament auch schon im 12. Jahrhundert hätte erstellt werden können, ja müssen, denn Wissen und Technik dafür war vorhanden. Aber man hatte es schlichtweg unterlassen, eine Bodenprüfung und genauere Standortuntersuchung durchzuführen.

So sehr dieses Beispiel geschichtlich belegt ist, sei es hier aus pädagogischen Gründen genannt, weil Parallelen zu unserem Lernsystem unschwer zu erkennen sind. In den 2000er Jahren schreckte die PISA-Studie[1] die Öffentlichkeit auf. Wie schon vorher und nachher durch weitere Untersuchungen belegt wurde, blieb (bleibt?) der Bildungsstand in vielen Bereichen so hinter den Erwartungen zurück, dass von einer Bildungsnot, einer Schieflage unseres Bildungssystems gesprochen wurde. Wieder kamen Experten aus Wissenschaft und Politik zusammen und während sie noch diskutieren, reagieren die Betroffenen verständlicherweise bereits mit Stützmaßnahmen. Denn ohne Nachhilfe würde z. B. etwa ein Drittel der Abiturienten den Abschluss nicht erreichen.

---

1 Die PISA-Studie ist in Ihrem Namen nicht von der italienischen Stadt sondern vom „Programme for International Student Assessment" abgeleitet. Die erste Veröffentlichung von Ergebnissen erschien Ende 2001. In mehreren Folgeuntersuchungen wurden Ergebnisveränderungen ermittelt, aber auch spezifische Fragestellungen thematisiert.

Wie Pilze schießen private Nachhilfe- und Lerninstitute aus dem Boden, die (privat finanziert) die individuelle Entwicklung absichern sollen. Die Sachverständigen durchforsten die Bildungslandschaft nach „blinden" Stellen und schlagen für verschiedene Bereiche Maßnahmen vor. So soll der Kindergarten durch Bildungsvereinbarungen und individuelle Portfolios aufhören, einfach nur ein Ort des Spiels zu sein („die spielen ja nur"[2]) und sich von nun an an der Bildung beteiligen. Kindergärten mit (teilweise grotesker) fremdsprachlicher und naturwissenschaftlicher Ausrichtung werden stark nachgefragt. Vergleichsarbeiten in den „Kernfächern" der Grundschule sollen die Lernergebnisse vereinheitlichen und objektivieren. Durch ein Zusammenzurren der Wissensbestände kommen wir mit 12 Jahren Schulbildung zum Abitur und ein Bachelorstudium gibt dem Studenten einen detaillierten und engen Stoff- und Stundenplan ... Allen Maßnahmen, für die es im Einzelnen auch sicherlich Argumente gibt, ist gemeinsam, dass sie auf ein Bildungsverständnis aufbauen, das Bildung für etwas hält, dass im Kopf stattfindet, für eine geistige Fähigkeit, die abstrakt und theoretisch über allem steht. Folglich setzen die Maßnahmen auch im „oberen Stockwerk", um im Bild des Pisa-Turmes zu bleiben, an. Das war vielleicht auch nicht anders zu erwarten, weil die PISA Studie in den Augen namhafter Kritiker einen humanistischen Bildungsbegriff zugunsten einer reinen Wissensabfragung opferte (vgl. Liessmann 2006), die sich wesentlich besser standardisieren lässt.

Im Widerspruch dazu gehen die hier im Themenzusammenhang „Mathematik" vorgestellten Gedanken davon aus, das Bildung nicht gleich Wissen ist. Beide, Bildung und Wissen, werden als Teil einer ganzheitlichen Persönlichkeitsentwicklung gesehen, deren unmittelbarer Ausgang ebenfalls die Befindlichkeit des Einzelnen ist. Diese Befindlichkeit wird in einer psychomotorischen Alltagserfahrung aufgebaut, die Zeit und Raum braucht, wie später noch zu zeigen ist.

---

2 vgl. Beins, H. J./Cox, S. (2001)

Wir können nicht nur theoretisch davon ausgehen, dass sich Menschen dafür interessieren, was unmittelbar erfahrbar, begreifbar und bedeutsam ist, sondern müssen auch realisieren, dass sich die wesentlichen Fragen im unmittelbaren Tun stellen. Zum Beispiel:

Wofür brauchen wir Mathematik?

Dafür gibt es viele Antworten. Lassen Sie uns mit einer beginnen: Mathematik hilft uns, einen Überblick zu gewinnen und zu erhalten.

Wenn das auch Hühner können, kann das doch nicht so kompliziert sein? Wenn Sie einmal die Gelegenheit haben, eine Henne mit Küken zu beobachten, werden Sie merken, dass diese stets alle Küken im Auge behält. Sie verfügt sicher nicht über einen Zahlbegriff, zählt die Küken also nicht ständig durch (was wir als Beobachter tun und jetzt wissen, das auf dem Foto 6 Küken zu sehen sind) und ist auch nicht besorgt, wenn eines mal hinter dem Blumenkübel zurückbleibt.

Sie hat ein Gefühl für Vollständigkeit und schafft ihren Überblick mit einer erstaunlichen Mengenerfassung, bei der ihr auch eine Kommunikation über Laute hilft.

Dass dies aber keine feste Größe ist, wird klar, wenn wieder einmal ein Habicht, Sperber etc. die Schar der Küken dezimiert hat. Nach einer ersten großen Aufregung (Trauer kennen Hühner wohl nicht), weiß die Henne sehr bald wie viele Küken noch übrig sind – und dies ist die neue Vollständigkeit, von der die Henne jetzt ausgeht.

Sie können sagen, das sei eben Teil des Brutpflegeverhaltens. Aber da sind wir beim Thema. Mathematik ist Teil unseres Verhaltens.

Auch Menschen brauchen laufend einen Überblick, zum Beispiel, weil die Ressourcen begrenzt sind. Manchmal, zum Beispiel bei der in gleichmäßige Stücke geprägten Schokolade, helfen uns geometrische Muster, mit dessen Hilfe wir erkennen, dass sie vollständig ist. Dieses Muster hilft dann aber auch, immer ein gleichmäßiges Stück abbrechen und verteilen zu können – ein Glück für die Mehrkindfamilie.

Aber nicht alles lässt sich in Muster fassen und wir entwickeln möglichst auch noch andere Strategien. Kennen Sie den peinlichen Moment an der Kasse des Supermarktes, an dem klar wird, dass Sie mehr Waren in den Korb gelegt haben, als Sie derzeit an Bargeld[3] zur Verfügung haben? Ich denke, danach wächst die Bereitschaft, beim Einkauf den Überblick zu behalten. Wir könnten jetzt jedes Preisschild der mitgenommenen Waren „im Kopf" summieren – bei den vielen unterschiedlichen Preisen wäre das aber eine schwierige und Konzentration erfordernde, dauernde Ablenkung vom Einkauf, wir hätten sehr bald keinen Spaß mehr daran. Eine Überschlagsrechnung geht deshalb viel gröber an die Aufgabe heran, auf Kosten der Genauigkeit, aber eben doch ausreichend, um den Überblick zu behalten. Da hat jeder so seine Tricks:

---

[3] Wenn wir die modernen Zahlungsmittel Kreditkarte, Handy etc. zur Verfügung haben, passiert sowas in der Regel nicht. Allerdings geht gerade dadurch vielen Menschen der Überblick über ihr verfügbares Geld verloren und geraten nicht selten in eine Schuldenfalle.

Ich summiere nur die vollständigen Eurowerte und füge bei jeder zweiten Ware einen Euro hinzu, um die Cent-Werte „einzufangen".

Aber wo genau brauchen wir einen Überblick? Bis zu einem gewissen Grad können wir feststellen, dass etwas direkt unser Leben erleichtert. Wir Menschen leisten uns aber den Luxus, uns auch darüber hinaus für Dinge zu interessieren. Nehmen wir an, Sie sitzen am Hamburger Hafen und sehen dieses Schiff auslaufen – wirklich riesig!

Wir könnten es durchaus bei dieser einfachen Beschreibung „riesig" belassen. Aber vielleicht gehören Sie ja auch zu denen, die jetzt gerne wüssten, wie viele Container sich wohl auf diesem Schiff befinden. Da wir diese ja nur zum Teil sehen können, hilft uns nur ein mathematisches Verfahren der Geometrie: Wenn wir die sichtbaren Container in den drei Dimensionen hoch, quer und längs abzählen und miteinander multiplizieren, kommen wir auf die erstaunliche Zahl von 3000 Überseecontainern, die hier gerade die Reise antreten. Dies ist nur eine Hochrechnung, da die oberen Etagen ziemlich ungleich besetzt sind – aber wir haben eine Vorstellung von dieser riesigen Ladekapazität. Für den einen ist das nützlich oder interessant, für den anderen egal.

Wie viel Überblick brauchen wir? Wann wird der Überblick reiner Luxus oder wann gar Unsinn? Diese Fragen lassen sich nicht objektiv beantworten. Wollen Sie wissen, wie viele Blüten auf diesem Frühlingsfoto zu sehen sind?

Wenn wir das ganze Foto auszählen wollten, bräuchten wir sehr lange. Also nehmen wir einen kleinen, möglichst typischen Ausschnitt, dessen Kantenlänge in eindeutigem Verhältnis zur Fotogröße steht, und zählen hier die Blüten – auch nicht leicht, aber mit einer Lupe machbar. Diese Zahl multiplizieren wir mit der Anzahl der Bildausschnitte, die in das Foto passen. Das Ergebnis wird nicht ganz stimmen, denn die Blüten sind nicht wirklich gleichverteilt, man nähert sich allerdings der tatsächlichen Zahl an und ist schon mitten in der Mathematik. Hier heißt das dann Näherungsrechnung oder „Approximation".

Vielleicht wollen Sie es aber auch noch genauer? Zum Beispiel wollen Sie aus dem Foto errechnen, wie viele Blüten der Baum tatsächlich hat? Jetzt wird daraus eine algebraische Gleichung, die die zunächst unbekannten Faktoren „Zahl an Blüten pro Astlänge" und „Zahl der Äste"

1 Einführung 17

etc. einrechnet. Und damit Sie diese ganze Prozedur nicht bei jedem Baum wiederholen müssen, hilft ein Algorithmus, der mit möglichst einfachen Grundmaßen eine Formel zur Berechnung der Gesamtzahl der Blüten anbietet.

Haben sie jetzt abgeschaltet? Wie tief wollen wir gehen? Diese Frage ist offensichtlich subjektiv und hängt mit unseren unterschiedlichen Interessen zusammen. Ein Problem ist das nur, wenn keine Interessen mehr spürbar sind, wenn die Neugier gefährdet ist (Ansari 2013).

„Interesse" heißt dabei sein. Zum Glück ist dies der Dreh- und Angelpunkt moderner Pädagogik: Jedes einzelne Kind soll bei der Sache sein, intellektuell angeschaltet sein. Die mentale Aktivierung jedes Einzelnen steht im Mittelpunkt des kooperativen Lernens (vgl. Brüning, L.; Saum, T. 2011). Natürlich sind hier noch nicht alle Schulen angekommen, aber es gibt diese pädagogischen Konzepte. Doch auch die beste Pädagogik begründet sich auf der Lebensrelevanz ihrer Themen sowie individuellen und sozialen Voraussetzungen. Sie braucht Offenheit, Neugier, Kommunikationsfähigkeit und Mut zum Unbekannten.

Gute Leistungen sind das Ergebnis individueller Voraussetzungen und pädagogischer Schwerpunktsetzungen. Um ein positives Beispiel in diese Überlegungen einzubinden, sei folgendes Interview mit einem Bundessieger im Mathematikwettbewerb vorgestellt:

Interview mit *Linus Behn*, einem 18-jährigen Gewinner des Bundeswettbewerbes Mathematik 2014

1. Was ist Mathe?
   Mathematik ist eine „Strukturwissenschaft". Sie ist nicht in erster Linie angewandt. Sie ist eine eigene Welt, eindeutig und beständig.

2. Hört irgendwo Rechnen auf und Mathematik beginnt?
   Mathematik beginnt an Punkten, an denen man zunächst nicht weiß wie es weitergeht oder was man tun muss. Rechnen ist Anwendung von Bekanntem, Mathematik heißt Neues zu entwickeln.

3. Was bedeutet Mathe für Dich?
   Das Lösen von Rätseln zum Beispiel in Ausschlussverfahren. Man muss in viele Richtungen denken.

4. Was genau macht Dir Spaß an Mathematik?
   Ich finde Mathematik ästhetisch und schön. Es ist sicheres Wissen und gleichzeitig sind es die Herausforderungen, die immer wieder den Mut erfordern, „durch Mauern" zu laufen, nach neuen Lösungsstrategien zu suchen und viele Verknüpfungen zu probieren. Solche Aufgaben entstehen oft im alltäglichen Zusammenhang. So kamen wir vor kurzem in der Pizzeria auf die Frage, ob es möglich ist, eine Pizza durch zwei Längsschnitte in drei gleich große Stücke zu teilen. Das Problem haben wir bis heute nicht gelöst ...

5. Wieso kannst Du Mathe?
   Weil ich Spaß daran habe und weil ich immer wieder Erfolgserlebnisse hatte.

6. Wann hast Du gemerkt, dass Dir Mathe liegt?
   Allgemein hatte ich in der Schule gute Noten. Es war aber insbesondere in der siebten Klasse die durch einen Schulfreund motivierte erste Teilnahme an einer Mathe-Olympiade, bei der ich es gemerkt habe.

7. Erinnerst Du Dich an Mathe oder dafür relevante Ereignisse in der Kindheit?
   Eigentlich nicht – ich war ein normaler Schüler.

8. Glaubst Du, Dein Talent sei angeboren?
   Ich weiß nicht, ob ich Talent habe.

9. Wurdest Du in Deinen Fähigkeiten unterstützt oder verdankst Du Deine Fähigkeiten sogar jemandem?
   Wie gesagt, war es insbesondere ein Schulfreund, der wiederum durch seine Eltern für die Mathe-Olympiade interessiert wurde, der mich motiviert hat. Meine Eltern haben diese Aktivitäten sehr unterstützt und meine Lehrer waren durchweg gut. Die größte Unterstützung erfahre ich in der Sozialstruktur meiner ebenfalls an Mathematik interessierten Freunde. In unserer auch über die Wettbewerbe entstandenen Gruppe gibt es eine ausgeprägte Kooperation, aber wenig Konkurrenz.

10. Was nimmt allgemein aus Deiner Sicht Einfluss auf mathematische Fähigkeiten?
    Mut, eigene Wege zu gehen! Positive Erfahrungen und Erfolgserlebnisse lassen den, der „vor einer Wand steht", daran glauben, dass es einen Weg daran vorbei, drüber her oder drunter durch gibt. Aber es ist auch eine Unbefangenheit, die hilft: Nach meiner eigenen Unterrichtserfahrung gehen SchülerInnen der 4.und 5. Klasse mutiger an Aufgaben heran, als Schüler der Mittelstufe.

11. Was sind aus deiner Sicht Voraussetzungen für Mathe?
    Ein offener Geist, der Problemlösungen sucht, indem er in alle Richtungen denkt.

12. Was würdest Du jemandem sagen, der glaubt, er/sie sei nicht „für Mathe geboren", sie sei zu hoch für ihn/sie?
    Er/Sie ist nicht „niedrig" genug angefangen. Aufgaben müssen immer interessant, nicht zu schwer und nicht zu leicht sein. Vielleicht könnte er/sie mit Rätseln, einfachen Sudokus etc. starten.

13. Womit würdest Du versuchen, bei solchen Leuten Spaß an Mathe zu wecken?
    Durch reizvolle, reale Aufgaben – möglichst zum Anfassen.

In Linus' Antworten wird klar, dass er seinen Zugang zur Mathematik gefunden und seine besondere Neigung und entdeckt hat. Es werden aber darüber hinaus auch allgemeine Bedingungen erfolgreichen Lernens deutlich. Sie sind wenig Mathematik-spezifisch und weit mehr Merkmale, wie sie im Zentrum einer psychomotorischen Vorstellung von Persönlichkeit stehen: Selbstbewusstsein und die Erfahrung von Selbstwirksamkeit, soziale Kompetenz, Offenheit, Neugier und Wahrnehmungsfähigkeit, Mut und Risikobereitschaft.

Nicht jeder muss Mathematiker werden, aber wenn er/sie will, sollte sie/er das können, das heißt: jeder braucht die Voraussetzungen dafür. Beschäftigen wir uns also im Folgenden mit Basiskompetenzen.

Eine Aufgabe für Fantasie und Kreativität: Baut mit Zollstöcken, Wäscheklammern und Zeitungen ein Haus, in das Ihr alle hineinpasst!

2. Basiskompetenzen

Mathematische Modelle gehen von „Axiomen" aus, von Grundannahmen, auf deren Basis ein theoretisches Gebäude fußt und wahr werden kann. Auch Denkprozesse brauchen einen Ausgangspunkt. Eine der zentralen Grundkompetenzen zum Aufbau mathematischer Vorstellungen ist die Wahrnehmung der eigenen Befindlichkeit.

2.1 Zur sensomotorischen Wahrnehmung der Befindlichkeit

Bevor diese Befindlichkeit zu einem psychischen Konstrukt wird, hat sie erst einmal eine physikalische Basis. Wo befinden wir uns?

Praxiserfahrung[4]

Warum stehen wir auf einem Bein unsicherer als auf zweien?

---
4 Differenzierte Praxisvorschläge dazu Lensing-Conrady (2013)

> Im Stand auf zwei Beinen schließen wir die Augen. Jetzt wird ein Fuß vom Boden genommen und wir bleiben 10 sec. auf dem einen Bein stehen. Dies wird mehrfach wiederholt.

Die Wahrnehmung und Bewältigung der Physik unserer Erde, insbesondere der Fliehkräfte und der Schwerkräfte, ist eine unserer Lebensgrundlagen. Unser Leben ist geprägt von ständigen Auseinandersetzungen mit Fliehkraft und Schwerkraft, den wesentlichen physikalischen Kräften dieser Erde. Mit einem Lot regulieren Bauarbeiter seit Jahrhunderten die Senkrechte eines Bauwerkes und schaffen damit eine wichtige Voraussetzung für seinen langfristigen Bestand. Sie nutzen dabei die Schwerkraft aus, die als Grundkraft dieser Erde in diesem Fall hilft, im anderen Fall den Menschen vielleicht ermüdet, auf jeden Fall aber eine Grundlage unseres Lebens darstellt. Befindlichkeit kommt von „sich befinden". Wo sind wir eigentlich? Die sensomotorische Kontrolle von Flieh- und Schwerkraft, die Fähigkeit, trotz dieser Kräfte ein individuelles Gleichgewicht herstellen zu können, bietet auch einen wesentlichen Hintergrund für unsere psychische Befindlichkeit (vgl. Riemann 1961). Nicht von ungefähr ist aber die Kurzfrage „Alles im Lot?" oft auch die Frage nach unserer persönlichen Befindlichkeit: „Wie geht es Dir?", oder hoffend: „Geht es Dir gut?"

Auch deshalb wird der Verbesserung von Gleichgewicht und zugrundeliegenden Körper- und Raumwahrnehmungen über motivierende vestibuläre Reize in allen Bereichen von Pädagogik und Therapie immer größere Bedeutung beigemessen. Dem liegt die Erkenntnis zugrunde, dass mit der Fähigkeit, vestibuläre Erfahrungen verarbeiten zu können, ein bedeutender Grundstein für die weitere Entwicklung gelegt und Anstoß zu weiteren Entwicklungsschritten gegeben wird.

Drehen, schaukeln und beschleunigen sind nicht nur lebenswichtige Erfahrungen, sie setzen auch an den Grundbedürfnissen des Menschen an und können deshalb auf sehr hohe (intrinsische) Motivation bauen. „Die Lust an der Bewegung, das ist die Lust an sinnlichen Empfindungen, ist die Lust am Rhythmus, Drehen, Fallen, Schweben und an der Geschwindigkeit. Deshalb lieben es die Kinder, den Körper – und damit auch sich und die Welt – in einer ungewöhnlichen Situation zu erfahren. Was sie suchen, sind sinnliche, aufregende Erlebnisse und Gefühle: den Kitzel im Bauch, den Schwindel im Kopf, die Macht von Kräften, die den Körper niederzwingen bzw. fortreißen oder aber in Balance halten." (Ehni 1982) Der Problemgehalt heutiger Kindheit liegt in besonderer Weise im Mangel an diesen sensomotorischen Grundwahrnehmungen. Aber was lässt die Kinder nach diesen Eindrücken suchen?

2.1.1 Balance: Stabilität und Labilität im physikalischen Kräftefeld

Die Entwicklung des aufrechten Ganges war ein entscheidender Schritt zur Menschheit. Die evolutionäre Aufrichtung der Kopf-Hals-Achse bis hin zum aufrechten Gang ließ Blick und Hände frei werden für neue Aufgaben. Der Blick konnte den Horizont erweitern, die Hände konnten Werkzeug greifen – beides wird heute in engen Zusammenhang gebracht mit der rasanten Hirn- und Intelligenzentwicklung. Allerdings erhöhte die Aufrichtung des Körpers das Risiko, mit dem die permanenten Auseinandersetzungen mit Fliehkraft und Schwerkraft auf unserer Erde ohnehin einhergehen. In diesem uns ständig umgebenden physikalischen Kräftefeld eine Balance herzustellen, ist eine anspruchsvolle psychomotorische Aufgabe. Dazu zunächst einige Praxiserfahrungen:

1. Der **„Wattekreis"**: Die Teilnehmenden stehen im Kreis, so dass sich ihre Handflächen berühren. Sie heben nun ein Bein vom Boden ab und schließen die Augen. So sollen sie ihr Gleichgewicht halten. Deutlich wird spürbar, dass die eigenen Schwankungen von der Kraft des Nebenmannes / der Nebenfrau ausgeglichen werden können, dass man selbst aber auch Hilfe bietet.

2. Der **„Kraftkreis"**: In derselben Aufstellung darf nun plötzlich eine Hand (oder auch beide Hände) nach außen gedrückt

werden. Aufgabe ist es, trotzdem stehen zu bleiben. Hier wird klar, dass Gleichgewicht darauf beruht, dass Kräfte aufgebaut und abgegeben, aber eben auch abgefangen werden müssen und dass man ihnen auch ausweichen kann und muss.

3. **Kleine Kämpfchen:** Zwei PartnerInnen stehen sich etwa 1 m entfernt gegenüber. Sie stehen mit beiden Füßen fest am Boden und legen die Handflächen aufeinander. Durch unterschiedlichen Druck der Hände versucht jede(r) den/die PartnerIn aus dem Gleichgewicht zu bringen und dabei mindestens einen Fuß vom Boden zu lösen. Variation: An den Händen ziehen. (Praxisempfehlung: Beudels, W./Anders, W. 2001)

4. **Gruppenakrobatik:** Aufgaben aus der Akrobatik sind hervorragend geeignet, das Wechselspiel von Stabilität und Labilität zu erfahren. Ein besonderer Vorteil liegt auch darin, dass das Gleichgewicht auf ganz unterschiedlichen körperlichen und motorischen Ebenen hergestellt werden kann – hier liegt eine große Möglichkeit der Integration von Behinderten oder entwicklungsverzögerten Kindern in Sportgruppen.

Erst zu zweit, dann in Kleingruppen werden Akrobatikübungen unterschiedlicher Schwierigkeitsgrade ausprobiert (Praxisempfehlung: Ballreich, U./v. Grabowiecki, U. 1992).

5. **„Schaufensterpuppen"**: Die Gruppe bildet Paare aus je einem(r) Dekorateur(in) und einer „Schaufensterpuppe". Diese werden in einem fiktiven Schaufenster in eine beliebige Körperposition zur Ausstellung gebracht und müssen die Position solange ruhig einhalten, bis alle „Dekorateure" sich das Schaufenster ausgiebig angeschaut haben (ca. 30 sec). Jede(r) kann hier spüren, wie anstrengend Stabilität (unveränderter Muskeltonus) ohne Labilisierung ist.

Der Bezug zu der weitverbreiteten und trotz anders lautender Erkenntnisse in unseren Lernsystemen fest verankerten Vorstellung, dass Menschen beim „Stillsitzen" besser lernen, fällt leicht.

2.1.2 Lernen in Bewegung

Wir lernen durch Erfahrung. Erfahrung kommt von Fahren, Fortschritt von Schreiten ... Es ist Bewegung, die uns buchstäblich weiterbringt. Das Loslassen, das Aufgeben der Sicherheit, ist dafür notwendige Voraussetzung. Loslassen ist ein Prozess, der immer wieder geprobt wird und sich dabei verändert. Nur scheinbar wird er wiederholt, denn die Erfahrung führt zu einer ständigen Weiterentwicklung und höherer Erfolgswahrscheinlichkeit.

Der Schritt nach vorn entsteht aus der Labilisierung der Körperlage. Die Körpervorlage zwingt zum Nachsetzen des Beines, denn auch wer sein Gleichgewicht aufs Spiel setzt, will nicht fallen. Man ist „zuversichtlicher Hoffnung" wie Balint (1960) es formuliert, dass der Sturz zu verhindern ist. Aber das Fallen wird riskiert, darin liegt der Reiz.

Organische, neurologische und entwicklungspsychologische Aspekte des Gleichgewichtsapparates (vgl. Lensing-Conrady 2001) liefern Erklärungszusammenhänge dafür, dass

- biologisches Gleichgewicht nicht statisch ist. Es ist vielmehr eine Bewegung um eine Mitte (Beispiel: Pendel). In dieser Bewegung wird Stabilität immer wieder aufgegeben und wieder gewonnen. Labilität und Stabilität stehen in einer Wechselbeziehung.

- Gleichgewicht das Ziel einer ständigen Suche ist: Sie ist ein immer (nur) angestrebter Zustand.

- diese Suche einem grundlegenden Bedürfnis entspringt und einem genetischen Plan folgend bereits im Embryonalstadium Grundmotiv für selbständige Bewegung ist. Diese Suche, die unerlässlich für Aufbau und Erhaltung von Hirnentwicklung, neuronalen Verknüpfungen und Hirnleistung ist, bleibt ein lebenslanger Prozess.

2.1.3 Archaische Aktivitäten

Die Suche findet auf drei Ebenen statt, den sogenannten archaischen Grundaktivitäten:

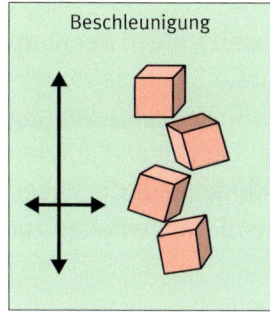
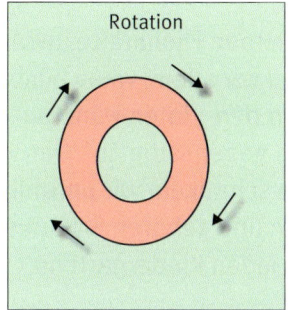
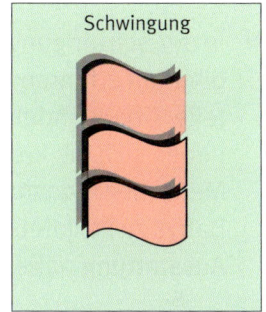

- Beschleunigung steht für lineare Bewegungen (auf – ab, hin – her, vor – zurück) in unterschiedlicher Geschwindigkeit und Dynamik. Beschleunigung (positiv: Geschwindigkeit erhöhen, negativ: bremsen) bearbeitet insbesondere die Schwerkraft.

Die Bankwippe gibt ebenso Gelegenheit zur Herstellung einer Balance, wie auch zur aufschaukelnden Beschleunigung durch Ungleichgewichte

- Rotation steht für Drehungen um alle Körperachsen. Nicht „die Psychomotoriker" haben das „Baumstammrollen" erfunden. Jedes gesunde Kind, das eine schräge Wiese (etc.) zur Verfügung hat, erfindet das Spiel neu, denn es bietet eine ideale Gelegenheit für Drehungen um die Körperlängsachse.

- In der Schwingung werden Fliehkräfte und Schwerkräfte in der Kombination erfahren und vor allem, wenn auch nur für Sekundenbruchteile, überwunden. In den „Toten Punkten" der Schaukelbewegung heben sich die Kräfte gegenseitig auf. Das wirkt beruhigend auf den Menschen – deshalb schaukeln wir unruhige Kinder, lädt die Wiege Babys zu schlafen ein und gehören Schaukeln und Hängematten zur Ausstattung nahezu jeden Kindergartens.

In diesen Aktivitäten setzen sich Kinder mit den physikalischen Grundlagen der Erde auseinander um sie zu meistern und damit Sicherheit und Selbstbestimmung zu gewinnen. Dem inneren (genetischen) Plan folgend bewegen sich Kinder in dieser Weise von selbst, um in ihrer Umgebung sicherer zu werden, ihren Körper und zunehmend die Umwelt „im Griff" zu haben. Was sie dafür brauchen, klingt ganz einfach: Geeigneten Raum, soziale Sicherheit und ausreichend Zeit.

Ein Blick auf die aktuellen Entwicklungsbedingungen von Kindern zeigt allerdings schon seit Jahren, dass dieser Hintergrund bröckelt: Für solche eigenaktive Bewegungserfahrung bleibt immer weniger (Zeit-)Raum. Auch eine diesbezügliche Wertschätzung der begleitenden Erwachsenenwelt ist leider zu selten gegeben. Dies trägt erheblich dazu bei, dass viele Kinder Schwierigkeiten haben, „ins Lot" zu kommen.

2.2 Zur psychosozialen Wahrnehmung des Selbst

Die Frage nach der eigenen Identität ist der Hintergrund der archaischen Bewegungssuche, die in allen kindlichen Bewegungsmustern ihren Versuchsraum findet (Zimmer 2009, Lensing-Conrady 2001). Über Bewegungshandlungen erfährt das Kind Zusammenhänge zwischen sich, seiner Handlung und der Umwelt. Es erfährt die Wirksamkeit der eigenen Handlung. Es erlebt den Erfolg bzw. Misserfolg des eigenen Tuns. Die sensomotorische Auseinandersetzung in der materialen Welt findet von Anfang an in einem Umfeld sozialer Rückmeldungen statt. Für einige Aktivitäten gibt es positive Rückmeldungen – für andere eher nicht. So erweitert sich der Erfahrungsraum von der sensomotorischen auf eine psychosoziale Ebene. Die Erfahrung der Selbstwirksamkeit führt zum Aufbau einer Vorstellung von sich selbst, zu einer Identität. Dieses Selbstbild wird zunächst von außen und dann auch selbst bewertet – ein Selbstwertgefühl entsteht.

Dieser hier sehr kurz beschriebene Zusammenhang spielt für die Persönlichkeitsentwicklung und die zukünftige Handlungsfähigkeit eines Menschen eine prägende Rolle. Das positive Selbstbild erleichtert eine Überzeugung, auch bislang unbekannten Anforderungen gewachsen zu sein und ist damit Ausgangspunkt weiterbringender Lernsituationen. Aufgrund dieser grundlegenden Bedeutung liegt die Entwicklung eines positiven Selbstkonzeptes und eines beständigen Selbstwertgefühls im Focus psychomotorischer Förderung.

Psychomotorik ...

... kann „malerisch" sein:
Partnerweise wird eine Umrisszeichnung von je einer Hand angefertigt. Ein Partner schließt jetzt die Augen und die Mitspielerin „malt" mit dem Finger eine Form (Linie, Kreis, Zahl ...) auf die Handinnenfläche. Dann öffnet er die Augen und überträgt die Zeichnung mit dem Stift auf die eigene Papierhand („Handmalerei").

... kann „mörderisch" sein:
Alle MitspielerInnen sitzen im Kreis. Jede zieht aus einem Gefäß einen Zettel (es gibt so viele Zettel wie MitspielerInnen). Auf einem Zettel steht der Begriff „Mörder". Die so bezeichnete Mit-

spielerin soll nun, ohne entdeckt zu werden, alle anderen MitspielerInnen „ins Jenseits befördern". Dies macht sie einfach durch Zuzwinkern. Diejenige, der zugezwinkert wurde, bricht mit einem lauten Schrei „tot" zusammen. Sollte eine Mitspielerin einen Verdacht äußern wollen, wer die Mörderin ist, muss sie auf die Hilfe einer zweiten hoffen. Die beiden zeigen gleichzeitig auf die Verdächtige. Zeigen sie auf zwei verschiedene Personen, ist ihr Leben ebenso zu Ende, wie wenn sie auf eine falsche zeigen. Sollten sie die Mörderin erwischt haben, ist das Spiel zu Ende („Mörderspiel").

... kann einen ganz schön ins Schwitzen bringen:

Im Raum werden an verschiedenen Stellen Gymnastikreifen angedreht. Diese sollen von den Teilnehmern in Schwung gehalten werden, d.h. sie müssen erneut gedreht werden, bevor sie austrudeln. Es werden mehr Reifen angedreht, als Mitspieler dabei sind, so dass diese ständig in Bewegung sein müssen, um die Aufgabe zu lösen („Reifendrehen")[5].

---
5 Die genannten Praxisbeispiele entstammen dem „Handbuch der psychomotorischen Praxis" (Beudels, Beins, Lensing-Conrady 2002)

In jedem Fall ist Psychomotorik eine bewegte Schule der Sinne. Kinder haben Ihren Spaß an Spielformen, wie den oben genannten. Aber längst ist bekannt und nachgewiesen, dass dieser Spaß von besonderer pädagogisch-therapeutischer Wirkung ist (Zimmer 1999, Röhr-Sendlmeier 2010).

Im Mittelpunkt der am Bewegungsdrang der Kinder ansetzenden, im weiteren jedoch andere Persönlichkeitsbereiche (Wahrnehmungsfähigkeit, Selbstbewusstsein, Gleichgewicht, Spannungsregulation, Konzentration u. a. m.) einbeziehenden Methodik steht die Förderung der Persönlichkeitsentwicklung und Handlungsfähigkeit des Kindes. Hier spielt der Erwerb dreier Kompetenzen, die miteinander in Verbindung gebracht werden müssen, eine entscheidende Rolle:

- Ich-Kompetenzen bedeuten, seinen Körper wahrnehmen, erleben, kennen lernen und mit ihm umgehen zu können. Ein positives Körper- und Selbstbewusstsein und die Erfahrung einer Selbstwirksamkeit sind Voraussetzungen für die seelische und körperliche Entwicklung.

- Sach-Kompetenzen helfen, die Umwelt wahrnehmen und mit ihr umgehen zu können, sich an Umweltgegebenheiten anpassen, sie aber auch verändern zu können. Erfahrungen mit Dingen um sich herum sind umso intensiver, je selbstbestimmter und vielseitiger der Zugang möglich ist. Nicht eine spezielle Technik, sondern die Vielfalt der Verwendungsmöglichkeiten einer Sache steht in der Psychomotorik im Vordergrund.

- Sozial-Kompetenzen bedeuten, Sach- und Ich-Kompetenzen sozialverträglich einbringen zu können. Der aktuellen Veränderung gesellschaftlicher Werte entsprechend haben Kinder gerade mit diesem Bereich oft Schwierigkeiten. Auch andere wahrnehmen, sich Ihnen anpassen, mit ihnen sinnvoll umgehen, seine Meinung vertreten, zurücknehmen oder vielleicht auch durchsetzen zu können, sind wichtige Lernziele.

Die sinnvolle Verquickung dieser Kompetenzen ist es, die Persönlichkeit ausmacht. Psychomotorische Spielformen versuchen, diese Gemeinsamkeit im Blick zu halten und immer vom Kind und seinen Stärken auszugehen.

2.3 Resilienz – zur Stärkung der Widerstandskraft

Die positive Wahrnehmung des Selbst, das Gefühl, die Welt um sich herum beeinflussen zu können, hat maßgeblichen Anteil am Aufbau resilienter Persönlichkeitsstrukturen. Resilienz, die Fähigkeit, erfolgreich mit belastenden Lebenssituationen umgehen zu können, bedeutet, eine psychische, geistige und körperliche Widerstandsfähigkeit gegenüber biologischen, psychologischen, physikalischen und psychosozialen Entwicklungsrisiken aufbringen zu können.

Als wirksame Resilienzfaktoren wurden folgende Bereiche identifiziert (Fischer/Fröhlich-Gildhoff 2013, Rönnau-Böse/Weltzien 2013):

1. Selbstwahrnehmung (Körperbewusstsein, angemessene Selbsteinschätzung, Erkennen und Einordnen können von Stimmungen und Gefühlen),

2. Selbstwirksamkeit (Erfolge auf eigenes Handeln zurückführen können; auf Erfahrung begründete Überzeugung, Anforderungen bewältigen zu können),

3. Selbststeuerung (Regulation von Gefühlen, Aktivierung und Beruhigung, Handlungsalternativen kennen),

4. Soziale Kompetenz (Beziehungen aufbauen, Konfliktlösung, Selbstbehauptung, Organisation von Unterstützung und Kooperation),

5. Problemlösen (Fähigkeit zu realistischer Zielsetzung, allgemeine Strategien zur Analyse und Bearbeitung von Problemen),

6. Umgang mit Stress (Fähigkeit zur Realisierung vorhandener Kompetenzen in Stresssituationen).

Wie unterstützt nun Psychomotorik die Widerstandsfähigkeit von Kindern? Kurz beschrieben: Indem sie motivierende, attraktive und spielerische Bewegungssituationen in kleinen Sozialgruppen anbietet, in denen sich Kinder als Urheber des Spiels oder seiner Wendungen fühlen können. Sie machen dabei die Erfahrungen, dass und wie sie Verursacher der Spielentwicklung werden und sich dabei gleichzeitig in einen kooperativen Gestaltungsprozess einbringen können. Dies kann nur gelingen, wenn die Aufgaben und Vorhaben interessant, alters- bzw. entwicklungsadäquat und zeitoffen sind. Die soziale Einbindung der individuellen Entwicklung und Kompetenzen zeichnet die Psychomotorik besonders aus.

Die Bedeutung des oben aufgezeigten psychomotorischen Blickwinkels für die Ausbildung oder Unterstützung resilienter Eigenschaften beim Kind werden von aktuellen Forschungsergebnissen unterstrichen. In Bezug auf die oben genannten Resilienzfaktoren wurde die Wirksamkeit psychomotorischer Förderung beschrieben (Zimmer 1999, S. 51 ff.) und empirisch nachgewiesen (Röhr-Sendlmeier 2010). Vor allem für das Selbstkonzept konnten der positive Einfluss einer psychomotorischen Förderung in einem „erheblichen, überzufälligen" Maße eindeutig belegt werden (Zimmer 2001, S. 23).

Aus einer Fülle von Praxisbeispielen (Beudels u. a. 2002) zur psychomotorischen Förderung von Selbstwirksamkeitserfahrungen seien noch zwei Spiele genannt, deren Erfolg vom Spielanteil eines jeden Mitwirkenden abhängt und damit seinem Wirksamkeitsbedürfnis entspricht:

COBAL

Die MitspielerInnen versuchen, durch Gleichgewichtsverlagerungen die Stellung der „Therapiekreisel" zu verändern. Da diese mit dem Spielfeld über Gelenke in Verbindung stehen, ändert sich mit jeder Bewegung auch die Schräglage der Spielfläche. Diese Schräglage erlaubt, dass aufgelegte Kugeln ins Rollen kommen. Alle MitspielerInnen werden gebraucht: Ihr Aufgeben einer stabilen Balanceposition wird dadurch belohnt, dass die Kugeln rollen und damit das Spiel weitergeht. Mit geschickter Bewegung lassen sich die Kugeln steuern, so dass sie eingelocht werden können. Spielregeln werden von den MitspielerInnen selbst aufgestellt und können vielfach verändert werden.

La-Ola-Murmelbahn

Flexible Kunststoffrohe (sog. Schleuderhörner oder auch Heulrohre) werden in diesem Spiel zu einem Kreis aneinandergereiht, wobei jedes Kind (jede MitspielerIn) für eine Schlauchverbindung verantwortlich ist. Nun wird eine Murmel (später auch mehrere) in ein Rohr gegeben und durch eine aufeinander abgestimmte Hoch-Tief-Bewegung („La-Ola") der MitspielerInnen im Kreis laufen lassen.

2.4 Wahrnehmung, das Tor zur Welt

Über die sensomotorische Befindlichkeit und das Selbstbild hinaus öffnet unser Wahrnehmungssystem insgesamt das „Tor zur Welt". Wahrnehmung ist die Voraussetzung für Reaktionen, für Kommunikation und Auseinandersetzung des Menschen mit sich und seiner Umwelt. Neben den in Zahl und Umfang dominierenden visuellen Reizen (Sehen) sind es auditive (Hören), vestibuläre (Gleichgewicht), taktile (Hautempfinden, Körperkontakt), kinästhetische/propriozeptive (Druck/Zug auf Gelenke, Muskeln, Sehnen), olfaktorische (Riechen) und gustatorische (Schmecken) Stimuli, die als Informationen aufgenommen werden. Über spezifische (afferente) Nervenbahnen werden sie dem Gehirn zugeleitet. Dort erfolgt ein Abgleich mit bereits abgespeicherten Informationen, mit Informationen aus gleichen oder ähnlichen Wahrnehmungserfahrungen koordiniert und schließlich gespeichert. Über ableitende (efferente) Nervenbahnen führt die verarbeitete Wahrnehmung zu motorischen, mimischen oder sprachlichen Handlungen. Diese Handlungen wiederum werden als Rückmeldung für die derzeitigen und weiteren Wahrnehmungsprozesse genutzt.

Für die kindliche Entwicklung kommt den sogenannten Basissinnen eine besondere Bedeutung zu. Wahrnehmungen kommen nicht isoliert vor. In jeder Alltagssituation sind unterschiedliche Wahrnehmungsbereiche gleichzeitig gefordert. Das vestibuläre, das taktile und das kinästhetische/propriozeptive System bilden die Grundlage für das komplexe Zusammenspiel aller Sinne.

Wahrnehmung von Geschwindigkeit: mit dem Rollbrett unterwegs ...

Die Fähigkeit des Gehirns, unterschiedliche Wahrnehmungsreize zu einem sinnvollen Handlungsplan zu verknüpfen, wird als sensorische

Integration bezeichnet. Sie befähigt den Menschen, sich und seine Umwelt genau wahrzunehmen, Lernprozesse zu bewältigen und auf Umweltgegebenheiten angemessen zu reagieren. Um eine angemessene sensorische Integration zu gewährleisten, muss die Arbeits- und Verarbeitungsfähigkeit des Gehirns nach und nach aufgebaut werden. Im Laufe der Entwicklung und Erfahrung werden immer komplexere und vielfältigere Reize integriert.

Wenn alle Sinne helfen, die Welt zu adaptieren, tun sie das in ständiger Folge von Verarbeitungsschritten.

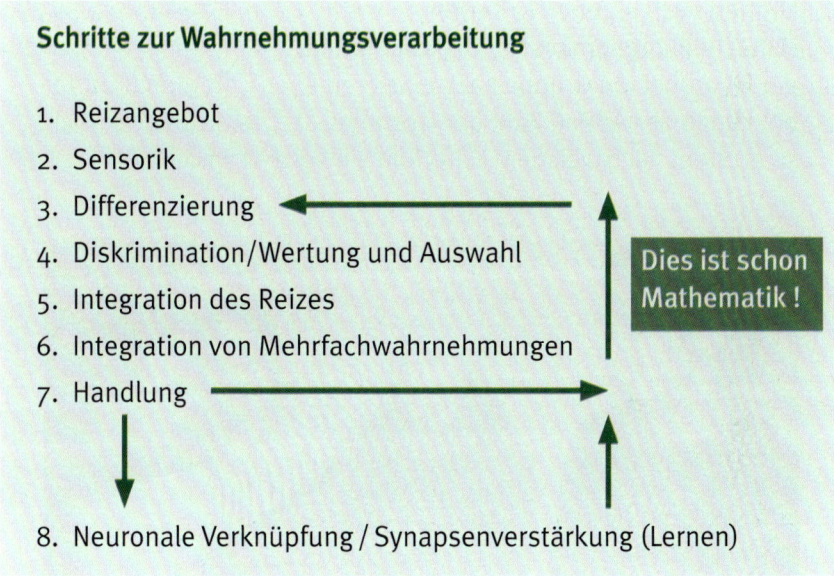

Abb. 1: Wahrnehmung und Mathematik

Wahrnehmung und Wahrnehmungsverarbeitung sind natürlich auch die Grundlage jeder Kulturtechnik – auch der Mathematik. Bereits mit der Differenzierung von Zuständen, Materialien oder Gegenständen beginnen mathematische Prozesse wie Unterscheidung, Ordnung und Reihung. Auch für diesen Zusammenhang seien einige Beispiele genannt:

Praxiserfahrungen zur Wahrnehmungsverarbeitung:

Ordnen nach Größe (Differenzierung):
Eine Gruppe von 5–8 TN steht zusammen. Ein TN schließt die Augen und versucht, die übrigen TN nach der Körpergröße geordnet in eine Reihe zu stellen.

- Variation: die ordnende Person reiht sich selbst zum Schluss in die Reihe ein.

**Ordnen nach eigenen Kriterien
(Entscheidungsprozesse / Diskrimination):**
Ein TN ordnet die Gruppe nach einem eigenen Kriterium (Haarfarbe, Länge der Ärmel, Zahl der Ohrringe ...). Die Gruppe versucht zu erraten, nach welchem Kriterium sie sortiert wird.

> **Atomspiel (Integration von Reizen):**
> Alle TN laufen durch den Raum. Wenn die Spielleiterin eine Zahl ruft, finden sie sich entsprechend zusammen.
>
> **Atomspiel „blind" mit Zusatzaufgaben (Integration von Mehrfachwahrnehmungen):**
> Die TN laufen mit geschlossenen Augen. Sie finden sich nach der gerufenen Zahl zusammen (ohne zu schauen) und berühren sich beispielsweise mit ebenfalls in den Raum gerufenen Körperteilen (kleiner Finger, Dicker Zeh …)

Die psychomotorische Praxis ist gerade in diesem Zusammenhang der Wahrnehmungsförderung sehr vielseitig (z.B. Beudels u.a., 2001). Wahrnehmung zu fördern hat zum Ziel, in allen Sinnesbereichen immer kleinere Unterschiede feststellen und differenzieren zu können. Zwischen diesen Unterschieden stellen wir eine Beziehung her, indem wir sie ordnen. Aus Tag (hell) und Nacht (dunkel) wird Tag, Abenddämmerung, Nacht, Morgengrauen usw. und schließlich die Fähigkeit, am Licht die Tageszeit erkennen zu können.

Es sind die Wahrnehmungserfahrungen des Alltags, die Adaptionen unserer Lebensbedingungen, die wir bewältigen, indem wir sie begreifen, differenzieren, ordnen und uns dann für einen Zustand entscheiden. Dieser Zustand löst in uns emotionale Reaktionen aus, sodass wir erkennen und empfinden, wann es schön, unangenehm, sicher oder gefährlich (usw.) ist. Emotionale Empfindungen schaffen in uns die Voraussetzung für eine Diskrimination, in der wir uns für oder gegen einen differenzierten Zustand entscheiden und damit eine Wertung vornehmen. Dies alles sind mathematische Begriffe und in der Mathematik notwendige Fähigkeiten. Die psychomotorische Sicht auf kindliche Entwicklung setzt die

- Bewältigung des Daseins,
- die Entdeckung des Ichs,

- den Aufbau von Körperwahrnehmung,
- die Reifung der Körperkontrolle sowie
- die Entstehung und Festigung von sozialen Bindungen

vor und immer wieder neben die Vermittlung von Kulturtechniken. Auch Mathematik findet hier ihre Basis.

3. Risikokompetenz:
Lernen ist das Aufgeben
von Sicherheit

Marie lässt im Alter von einem Jahr plötzlich das Tischbein los, an dem sie sich hochgezogen hat. Sie wackelt, fasst wieder zu. Plötzlich lässt sie wieder los, ein Schritt – der erste – nach vorne, der nächste gleich hinterher, der dritte noch halb – plumps!
Warum macht Maria das? Sie fällt ja doch hin! Trotzdem versucht sie es aufs Neue ...
Nirgends sieht man deutlicher, worauf es im Leben ankommt: Das Bekannte loslassen, das Unbekannte wagen, die Sicherheit aufgeben – und immer wieder neu gewinnen. Dies sind Schritte eines jeden Lernprozesses. Das über die Bewegungserfahrungen im Aufbau der Basiskompetenzen erreichte Gleichgewicht wird auch gleich wieder „verschaukelt". Das Gefühl der Beherrschbarkeit des Augenblicks wird dadurch gefestigt, dass es immer wieder aufs Spiel gesetzt wird.

Bei diesem Karussellspiel wird sicherlich ein hohes Maß an Risikokompetenz benötigt.

Die physikalischen Gesetzmäßigkeiten von Fliehkraft und Schwerkraft bestimmen unseren täglichen Handlungsrahmen. Wir müssen gleich große oder größere Kräfte aufbauen, um uns in unserer physikalischen

Umgebung behaupten zu können, die sich ständig an uns reibt. Auch diese Reibung hinterlässt Spuren: unsere Lebenskurve ist endlich!

Heute Abend sind wir wieder müde. Möglicherweise meldet sich der Rücken: Die Haltearbeit ist anstrengend, manchmal sogar schmerzhaft. Die aufrechte Haltung ist eine Provokation der Physik, denn wir entfernen unseren Körperschwerpunkt vom Boden und labilisieren damit unsere Lage. Leben heißt: Sich widersetzen! Der aufrechte Gang hat die Schwierigkeiten verstärkt, die das Leben mit Schwer- und Fliehkraft hat: Der reduzierte Kontakt zur Erde ist ein riskantes Spiel, besetzt mit den Grundpfeilern unserer Psyche, Lust und Angst.

3.1 Ein Dilemma als Grundimpuls

Den Bezug physikalischer Umgebung zu unserer psychischen Befindlichkeit hat in starkem Maße Riemann (1961) herausgearbeitet. Er machte vier wesentliche Grundimpulse unseres Lebens aus, die miteinander in Beziehung stehen: Die oben bereits besprochene Rotation der Erde, die Revolution (die sich in regelmäßigen und bestimmten Beziehungen zueinander vollziehende Umwälzung in unserem Sonnensystem), die Schwerkraft und die Fliehkraft. Diese Grundimpulse stehen sich als „Antinomien" gegenüber. Sie sind in sich wahr, stehen in unmittelbarer Beziehung, widersprechen sich aber wechselseitig.
Auf der Ebene unserer Befindlichkeit lassen sich „Strebungen" beschreiben, die von diesen Grundimpulsen ausgehen und ihnen entsprechen (siehe Abb. 2, Seite 49).

Das Moment der Revolution findet sich wieder in der Strebung, sich einzuordnen, sich als „soziales Wesen" dem Leben zu öffnen, für andere da zu sein, eine Rolle zu spielen, die sich einfügt in das Ganze. Die Rotation entspricht dem Bedürfnis nach Individualität und Unverwechselbarkeit. Alles „dreht" sich um das Ego. Die Schwerkraft bedeutet psychologisch das Streben nach Dauerhaftigkeit und verlässlichen Beziehungen, die Fliehkraft steht für Veränderung, Fortschritt und immer wieder Neues.

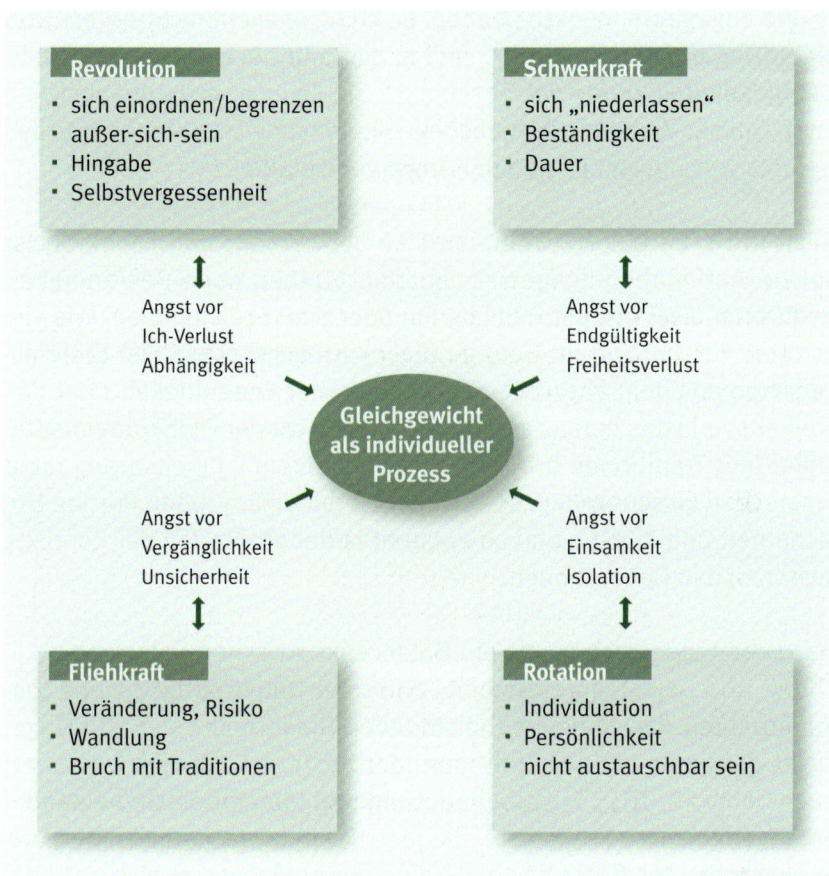

Abbildung 2: Strebungen und Angst (nach Riemann 1961)

Jede dieser Grundimpulse und Strebungen birgt gleichzeitig ein großes angstauslösendes Potential. „Angst tritt immer dort auf, wo wir uns in einer Situation befinden, der wir nicht oder noch nicht gewachsen sind" (Riemann, ebd. S. 9). Angst als ständiger, mitunter lähmender Wegbegleiter, aber auch als Korrektiv, sich nicht in einzelnen Strebungen zu verlieren. Die Strebung der Revolution, sich selbstvergessen hinzugeben, geht mit der Angst einher, abhängig zu werden, zu viel von seinem Ich aufzugeben. Der jahrelang ehrenamtlich hoch motivierte und engagierte Mensch beendet sein Engagement nicht selten „von einem Tag auf den anderen", weil er sich nur noch ausgenutzt fühlt. Demgegenüber wurde der Geschmack am Eigenleben in der schicken Zwei-Zimmer-Wohnung so manchem Single schon fade, angesichts des Gefühls von Einsamkeit und der Angst vor Isolation.

Auch in Bezug auf die Grundimpulse Schwerkraft und Fliehkraft ist solche Antinomie allgegenwärtig: Das Streben nach Beständigkeit und Dauer lässt uns ein Haus bauen oder eine Ehe eingehen. Wie viel schwere Krisen sind im Gefolge dieser zunächst freudigen Ereignisse schon aus dem angstbesetzten Gefühl der Endgültigkeit oder des Freiheitsverlustes heraus entstanden? Wenn wir der Fliehkraft entsprechend mit Traditionen brechen, uns in unserem Freiheitsdrang nicht eingrenzen lassen wollen, so tun wir das mit einer großen Portion Unsicherheit und Angst – und so entsteht ja der größte Teil der Konflikte zwischen den Generationen.

Das Leben stellt sich so als ein Balanceakt zwischen Selbstverwirklichung und Selbstvergessenheit, zwischen Dauerhaftigkeit und Veränderbarkeit dar. In einem individuellen Prozess muss ein Gleichgewicht gefunden werden, will man hier bestehen. Ähnlich formuliert auch Capra (1991): „Selbstbehauptung und Integration sind einander entgegengesetzte Tendenzen, die jedoch beide wesentliche Merkmale aller lebenden Systeme sind. Keine der beiden ist an sich gut oder schlecht. Was gut oder gesund ist, ist ein dynamisches Gleichgewicht; was schlecht oder ungesund ist, ist eine Überbetonung der einen und Vernachlässigung der anderen Tendenz."[6] Gleichgewicht ist auch ein Ausgleich ambivalenter, sich ständig widersprechender Gefühle.

Dass wir uns der uns bestimmenden physikalischen Umgebung und des damit verbundenen täglichen Risikos aber nicht bewusst werden, ist ein Dilemma, das die Menschheit nie locker gelassen hat. Mit allen verfügbaren Mitteln versuchen wir, die Umgebung so zu verstärken, dass

---

6   Fritjof Capra (1991) im Vorwort zur Taschenbuchausgabe seines Werkes „Wendezeit"

wir sie merken. Balint (1960) hat in seiner Psychologie des „Thrills" die eminente Bedeutung dieser Auseinandersetzung für unsere Befindlichkeit herausgearbeitet. Auch wenn er höchst unterschiedliche Bewältigungsmuster, die „Philobaten" (die Wagnisse herausfordernden und genießenden Menschen) bzw. die „Oknophilen" (das Risiko fürchtenden und vermeidenden Menschen) ausmacht – sie alle beschäftigt die Grenzerfahrung in starkem Maße.

Die einen springen vom Bungee-Turm, die anderen stehen unten und starren sensationslüstern zum Himmel. Wo ist der Unterschied? Die Faszination, die von Grenzerfahrungen ausgeht, lässt sich gerade an den Orten erfahren, an denen der Mensch seit Jahrhunderten Unterhaltung, Abwechslung, Entspannung und Aufregung sucht, den Jahrmärkten. „Jahrmärkte gibt es auf der ganzen Welt, von Bombay bis San Francisco und von Alaska bis Neuseeland. Etwas so allgemein Verbreitetes muss wesentlichen menschlichen Bedürfnissen entsprechen" (Balint, ebd. S. 17). Der Benennung dieser grundlegenden Bedürfnisse kommen wir über eine Analyse der betriebswirtschaftlichen Auswertung etwa einer 5-Tages-Kirmes näher, wie sie in Bonn unter dem Titel „Pützchens Markt" ein Begriff ist. Von den 60 Millionen Euro, die dort jährlich umgesetzt werden, gehen ein Drittel auf das Konto von Essen und Trinken und ein weiteres Drittel auf das der Karussellbetriebe. Damit wird der überwiegende Teil des Geldes für gustatorische (Essen und Trinken) und vestibuläre (Schaukeln, Drehen und Beschleunigen) Bedürfnisse ausgegeben – ein sicherer Hinweis auf die primäre Bedeutung dieser Wahrnehmungsbereich.
Nur dies erklärt, warum Menschen für eine gute Minute Fahrt in einem der Karussells – sprich: für Drehen und Schleudern bis zur Erträglichkeitsgrenze (nicht selten – das zeigen die Gesichter der verstört auf der Zugangstreppe Sitzenden – auch darüber hinaus) – 5 Euro oder mehr ausgeben.
Es ist für viele unerträglich, die grundlegenden physikalischen Bedingungen unseres Lebens nicht bewusst erleben zu können. Also verstärkt ein Karussell Schwer- und Fliehkraft so, dass sie wahrgenommen werden müssen. Verstärkt wird ein wesentlicher Lebensbezug: Leben heißt Bewegung.

„Das Leben ist Schwingung." Mit diesem einfachen Satz brachte Kükelhaus (1982) die folgenreiche Erkenntnis auf den Punkt, dass es im biologischen Leben keinen Stillstand gibt. „Ein lebender Organismus ist durch ein ständiges Fließen und sich Verändern in seinem Stoffwechsel charakterisiert, in dem Tausende von chemischen Reaktionen stattfinden. Zum chemischen und thermischen Gleichgewicht kommt es, wenn all diese Prozesse zum Stillstand gelangen. Mit anderen Worten: Ein Organismus im Gleichgewicht ist ein toter Organismus" (Capra 1996, S. 207). Leben ist ein Wechselspiel zwischen stabileren und labileren Zuständen. Und sicher sind wir immer auf der Suche nach mehr Stabilität, nach dem „ruhenden Pol". Viele Religionen versuchen, über Ruhe und Abgeschiedenheit einen Zustand der Homöostase und höherer Bewusstseinssphäre zu erreichen. Der „intendierte Zustand der Ruhe" (Fetz 1987) ist ein Zustand größtmöglicher Kontinuität mit der Umwelt –

Psychomotorische Spielform „Rodeo":
Nur wer läuft, bleibt im Gleichgewicht.

aber die ist in Bewegung. Lebende Organismen befinden sich in einem Zustand fern vom Gleichgewicht, und das ist der Zustand des Lebens.

Auch wenn sich dieser Zustand sehr vom Gleichgewicht unterscheidet, ist er doch über lange Zeiträume hinweg stabil, und das bedeutet, dass – wie in einem Strudel – ein und dieselbe Gesamtstruktur trotz des ständigen Fließens und sich Veränderns aufrechterhalten wird. Stabilität ist nicht Ruhe und vor allem ist sie ein „Vertrag auf Zeit". Wir müssen uns ständig darum bemühen, wir sind immer auf der Suche.

Labilität birgt Unsicherheit und Nervenkitzel, Stabilität das „rettende Ufer" – zumindest eine Zeit lang. Nur Unsicherheit, nur Sicherheit sind unerträglich. Gerade in neueren Studien haben sich die Vorstellungen und Bewertung von stabilen und instabilen Zuständen stark verändert. Capra (1996) stellt Theorien in den neuen Zusammenhang seiner „Lebenswissenschaft", die u. a. gerade im Ungleichgewicht, in gleichgewichtsfernen Zuständen, die Bedingungen für das Entstehen neuer Ordnungsformen sehen, wie es auch die Chaostheorie annimmt. Deutlich wird darin vor allem, das sich neue Ordnungsformen höherer Komplexität fern vom Gleichgewicht entwickeln. Je weiter sich das System vom Gleichgewicht entfernt, desto höher ist die Bewegung zum Universalen, zum Einzigartigen, zu Reichtum und Vielfalt. Dies wird als Prozess der Selbstorganisation begriffen. Sie stellt unter gleichgewichtsfernen Bedingungen ein riskantes Wechselspiel zwischen Zufall und Notwendigkeit, zwischen Schwankungen und deterministischen Gesetzen dar.

Verstehen wir Lernen als das Entstehen neuer Ordnungsstrukturen, findet die Lust der Kinder, ihr Gleichgewicht immer und immer wieder zu verschaukeln, Zustände des Kippens, der Instabilität aufzusuchen, eine plausible Erklärung.

Und so wird tausendfach im Spiel die Instabilität geprobt. Die Lust dazu begründet sich in vielen Kinderspielen auf drei wesentlichen psychologischen Zügen:

„Es ist sehr bezeichnend, dass praktisch in allen Spielen dieser Art die Sicherheit entweder mit „Haus" oder „Heim" (home) bezeichnet wird. Das gilt nicht nur fürs Englische, sondern für alle mir bekannten Sprachen. Alle diese Spiele bestehen

A) aus einer äußeren Gefahr, die vom Fänger, Sucher oder Jäger dargestellt wird,
B) aus den anderen Spielern, die die Sicherheitszone, „das Haus", verlassen, indem sie die Gefahr mehr oder weniger freiwillig auf sich nehmen, und
C) aus der zuversichtlichen Hoffnung, dass sie so oder so ihre Sicherheit wiedergewinnen werden.

„Schatzhüter": Ein „Fänger" verteidigt seinen „Schatz" gegen „Diebe"

Es gibt zahllose Spiele dieser Art, wie Blindekuh, Verstecken, Fangspiele, Schlagball, (...), um nur ein paar zu nennen, nicht zu vergessen Kricket, wo – im Prinzip – nur bei Verlassen der Sicherheitszone Punkte gewonnen werden können" (Balint 1969, S. 21 f.).

In der Unterstützung solcher kindlicher Suchmuster liegt denn auch die größte Aufgabe und Chance von Erwachsenen allgemein, von PädagogInnen im Besonderen. Vor allem angesichts der deutlichen Einschränkungen der Möglichkeiten zur lustvollen, eigenständigen Suche durch eine nicht mehr kindgerechte Umwelt wächst diese Aufgabe weiter. Mit der Lust aber, die Unsicherheit zu wagen, hat das Kind im Grundsatz die Schlüssel zu seiner Entwicklung in der Hand.

Das Erreichen eines Entwicklungsschrittes ist die Plattform, von der aus die nächste Grenze „angepeilt" wird. Alle Eltern kennen das schöne Gefühl, das sie erlebten, als ihr Kind die ersten Schritte wagte. Nicht alle Entwicklungsschritte sind so spektakulär, aber Eltern erleben und unterstützen sie. Ja, sie erwarten sie. „Um zu wissen, was für irgendeine Gattung richtig ist, müssen wir die dieser Gattung eigenen Erwartungen kennen", schreibt Liedloff (1980). „Angeborene Antriebskräfte veranlassen das Kind auch, zu tun, was seine Mitmenschen seiner Beobachtung nach von ihm erwarten; und jene geben ihm zu erkennen, was sie ihrer Kultur gemäß erwarten" (ebd. S. 40).

Dabei sind Hilfe und soziale Verstärkung keine Einbahnstraße. Die Freude und der Stolz, den Eltern in den Grenzerfahrungen ihrer Kinder empfinden, kann durchaus als Motor ihrer eigenen Evolution gesehen werden. Es wird angenommen, dass die Hilflosigkeit der „physiologischen Frühgeburt" Säugling eine entscheidende Rolle beim Übergang vom Menschenaffen zum Menschen gespielt hat. Sie erforderte die Bildung sozialer Gemeinschaften (Familien, Stämme, Dörfer ...) und veränderte ihre Struktur.

Diese Suche ist der Motor evolutionärer Entwicklung. Sie setzt Bewegung in Gang und ist damit der „Motor der Gehirnreifung und zugleich ihr Ergebnis" (Lauff 1995). Die Hirnentwicklung des Homo Sapiens ist den Jahrmillionen währenden Kämpfen seiner Vorfahren mit ihren Lebensbedingungen zu verdanken, die als genetische Informationen weitergegeben wurden.

3.2 Zur Stärkung der Risikokompetenz

Risiken spielen nicht nur im Aufbau sensomotorischer Alltagsbewältigung eine wesentliche Rolle. Auch bedeutende gesellschaftliche, politische wie wirtschaftliche Entwicklungen sind immer von einem Krisenmanagement begleitet, das einher gehende Risiken minimieren soll. Seit es Menschen gibt, treiben sie Handel und das war und ist riskant: Immer will jemand ohne oder mit kleinstem Aufwand das Geschäft machen. Ob Räuber im Stadtwald oder Piraten vor Somalia, ob „Naturkatastrophen" oder gesellschaftliche Wirren, ob eine kaputte Uhr oder ein liegen gelassener Schlüsselbund – Risiken gehören zum Alltag. Um das in den Griff zu bekommen, wurde schon früh versucht, das Risiko zu berechnen: Im Handel wurde ein großer Teil der heutigen Wahrscheinlichkeitsberechnungen als Teil mathematischer Überlegungen entwickelt. Keine Versicherung wäre heute ohne sie denkbar.

Es gibt kein Leben ohne Risiko – und darauf müssen wir auch die Kinder vorbereiten. Aber war Risiko nicht etwas, das wir für Kinder vermeiden wollten? Sind wir Erwachsenen nicht für die Sicherheit der Kinder verantwortlich?

In Fragen der technischen Sicherheit ist Deutschland Weltmeister. Diese jahrzehntelang praktizierte Grundeinstellung der Pädagogen, die das Feld für Kinder nach Gefahrenmomenten zu sondieren und möglichst alle Unfallquellen aus dem Weg zu räumen hatten, geriet in den 1990er Jahren insbesondere wegen ihrer Erfolglosigkeit ins Wanken: In Deutschland gab es zwar die normiertesten und „sichersten" Umgebungen (z. B. Kindergarten, Spielplätze, Schulen ...) für Kinder im europäischen Vergleich, allerdings lag Deutschland trotzdem in der Unfallstatistik weit vorne.

Natürlich wollte weiterhin niemand Kinder in Gefahr bringen, aber in wachsendem Maße wurde die individuelle Einwirkungsmöglichkeit der Kinder auf ihr Lebensgeschehen gesehen: Individuelle Risikokompetenzen nehmen Einfluss auf den Verlauf des Geschehens und stellen einen erheblichen Wirkfaktor dar. Um diese Kompetenzen überhaupt in den pädagogischen Blick zu nehmen, war eine Abgrenzung dessen, was wir unter Gefahr bzw. unter Risiko verstehen, erforderlich.

Eine GEFAHR ist ein potentieller, aber nicht selbst zurechenbarer, nicht kalkulierbarer Prozess mit negativen Folgen für den Betroffenen.

Demgegenüber verstehen wir RISIKO als einen erkennbaren oder vorhersehbaren und durch Einstellungen, Einschätzung und/oder individuelles Verhalten beeinflussbaren Prozess, der potentiell negative oder positive Folgen für die Beteiligten hat (Vetter, Kuhnen, Lensing-Conrady 2004).

Die erste war weiterhin auszuschließen, das zweite durch den Aufbau von Kompetenzen positiv zu beeinflussen. Aber geht das überhaupt? Vor diesem Hintergrund sollte in einer Untersuchung, die das Institut für angewandte Bewegungsforschung im Auftrage und in Kooperation mit der Unfallkasse Nordrhein-Westfalen durchführte, geklärt werden, ob die individuelle Unfallgefährdung von Kindern durch psychomotorische Fördermaßnahmen gesenkt werden könne. Im Rahmen dieser Studie wurde das psychomotorische Praxis Know-How zum Aufbau von Risikokompetenzen spezifiziert und erweitert (Vetter, Kuhnen, Lensing-Conrady 2008).

Praxiserfahrung

Balancespiele am Beispiel „Bamboleo"[7]: Eine runde Holzscheibe liegt in einem labilen Gleichgewicht auf einer Korkkugel. Nun werden Holzbausteine unterschiedlicher Form und Größe auf die Platte gelegt, ohne dass sie herunterfällt.

Bamboleo

Das gleiche Spiel in psychomotorischer Art: „Tisch im Freien"

---

7 Zum Spiel Bamboleo gibt es sehr viele Spielvariationen in: Beins, Klee (2014)

Bei Balancespielen wie diesem wird das Eingehen von Risiken belohnt. Dessen Einschätzung beruht hier darauf, das Verhältnis, Größe, Gewicht und Entfernung von der Mitte beurteilen zu können. Hätte Piaget dieses Spiel gekannt – er wäre zu einer anderen Beurteilung der Frage gekommen, wann der Proportionalitätsbegriff entwickelt sei (s. u.) ...

Die Fähigkeit, Risiken erkennen, sie abwägen und ihnen standhalten oder ausweichen zu können, ist eine Schlüsselqualifikation für alle Lebens- und Lernbereiche. Es ist der „Mut, eigene Wege zu gehen. Positive Erfahrungen und Erfolgserlebnisse lassen den, der „vor einer Wand steht", daran glauben, dass es einen Weg daran vorbei, drüber her oder drunter durch gibt." (Interview Linus Behn s.o.) „Et hät noch immer joot jejange", heißt es im „Rheinischen Grundgesetz".

Wer es dabei belässt, dass er/sie „in Mathe immer schlecht" war (Beutelspacher[8] 2009), hat sich eine eigene Sicherheit aufgebaut, die er/sie nicht aufgeben will. Erst das Loslassen dieser Stütze kann ihn/sie weiterbringen. Dafür braucht es Motivation durch „reizvolle, reale Aufgaben – möglichst zum Anfassen" (Linus s.o.)

---

8   Beutelspacher nimmt die nicht selten schicksalhafte Hinnahme des mathematischen Versagens zum Anlass einer Reihe von humorvollen, eine „Leichtigkeit der Mathematik" versprühenden Veröffentlichungen.

4. Lernvoraussetzungen

4.1 Vorwissen: Intuitives Wissen von Kindern

Kinder wissen mehr, als Erwachsene oft annehmen. In besonderer Weise haben dies Forschungen zum physikalischen Vorwissen belegt.

Ein pädagogisches Konzept erfordert neben der Kenntnis der Zielfaktoren Informationen zum Lernsystem der Zielgruppe. Im Alter von 4–6 Jahren, kann von einem Überwiegen intuitiver Ursache-Wirkungsvorstellungen ausgegangen werden (Krist 2000). Dieses intuitive Wissen ist allerdings weit ausgeprägter, als es Pädagogen und Didaktiker bisher wahrgenommen haben und möglicherweise auch langfristig wesentlich handlungsbestimmender als kognitiv-kausale Vorstellungen.

Praxiseinstieg: Schnick-Schnack-Schnuck

Dieses Spiel wird mit vier Handzeichen (Brunnen, Schere, Papier, Stein) bestritten, die nach den Worten „Schnick-Schnack-Schnuck" von jeweils 2 TeilnehmerInnen gezeigt werden. Damit versuchen sie, 3 mal nach folgenden Regeln zu gewinnen:

- In den **Brunnen** fallen **Schere** und **Stein** herein, aber das **Papier** deckt ihn zu.
- Die **Schere** schneidet das **Papier,** wird aber vom **Stein** stumpf und fällt in den **Brunnen**
- Das **Papier** deckt den **Brunnen** ab und wickelt den **Stein** ein, wird aber von der **Schere** geschnitten,
- Der **Stein** fällt zwar in den **Brunnen** und wird vom **Papier** eingewickelt, macht aber die **Schere** stumpf.

Brunnen – Papier

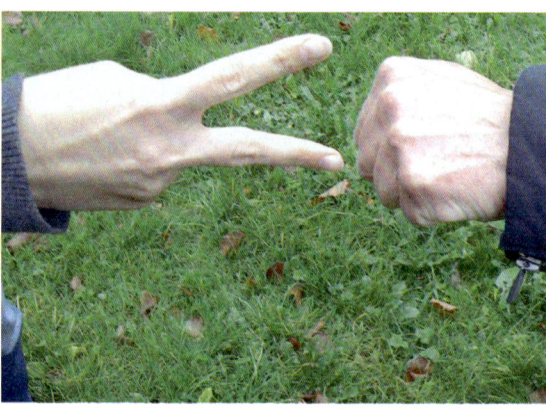

Schere – Stein

Anschließend beantworten die TN die Frage: „Warum haben Sie gewonnen/verloren?"

Die Reflexion führt zu Momenten, die unsere Entscheidungen und unser Handeln bestimmen. Begriffe, die immer wieder genannt werden, sind:

- Glück (2)
- Berechnung (1)
- Intuition (2)
- Erfahrung (1)
- Begabung (2)

- Erleuchtung (1)
- Wissen (1)
- Gespür (2)
- Empathie (2)
- Intelligenz (1)

u.v.a.m.

Sie lassen sich verschiedenen Bereichen zuordnen:

Kognitiv-logischer Bereich (1)	Intuitiv-emotionaler Bereich (2)
▼	▼
Kognition	Intuition

Auf sich allein gestellt sind die einzelnen Momente schwer haltbar. Weder Glück noch Berechnung lassen sich eindeutig aus der Tatsache begründen, dass die vier Handzeichen ungleiche Gewinnchancen haben. Eine genauere Betrachtung des Spielverhaltens ergibt deshalb nicht einen bestimmten Hintergrund für erfolgreiche/erfolglose Handlung, sondern jeweils unterschiedliche Anteile kognitiver und intuitiver Einflüsse auf die Entscheidung. Insbesondere lässt sich keine Hierarchie begründen, die das eine als erfolgreicher als das andere darstellt oder gar eine unseren Alltag beherrschende These der Dominanz kognitiver Entscheidungshintergründe rechtfertigt.

An zwei Beispielen soll diese These weiter in Frage gestellt werden:
Blickpunkt Tsunami-Katastrophe: Bei diesem uns allen noch sehr nahe gehenden Naturereignis wurden im Jahr 2004 nach aktuellen Schätzungen über 290 Tausend Bewohner küstennaher Gebiete rund um den indischen Ozean von den Flutwellen getötet. Warum aber haben Wildtiere und Eingeborene z. B. auf den abgelegenen Inselgruppen der Andamanen und Nikobaren wesentlich erfolgreicher als Haustiere, Touristen und im Tourismus Beschäftigte. gehandelt und überlebt[9]?
Sie sind – so wird angenommen – ihrer Intuition gefolgt, haben Signale der Natur und insbesondere der umgebenden Tierwelt wahrgenommen, sie richtig eingeordnet und danach gehandelt. Erfahrungen hatten sie selbst damit noch nicht, denn Katastrophen solcher Art ereignen sich in großen Zeitabständen.

Blickpunkt Elternberatung[10]: Die Erfahrungen zeigen zunehmend in ihrer Erzieherrolle verunsicherte Eltern, die sich nur unzureichend in der Lage fühlen, „richtige" Entscheidungen in Hinblick auf ihre Kinder zu treffen. Ein Schwerpunkt der Beratung liegt demzufolge auf der Förderung intuitiver Eltern-Kind-Beziehungen. Der Verlust intuitiver Kompetenzen ist nicht ganz neu. Bereits 1980 empfahl Liedloff, zur Wiederherstellung des Kontinuums[11], der den evolutionären Erfahrungen der Menschheitsentwicklung entsprechenden Erfahrungskette, erst einmal auf seine Instinkte zu vertrauen, die Körperlichkeit und Instinkthaftigkeit der Reaktion vor die intellektuelle Kontrolle zu stellen.

Nicht nur in solchen spezifischen Feldern beginnt das Bild einer „Überlegenheit des Geistes" sowie der Rolle des Bewusstseins zu wackeln. Die oft als „Bauchhandeln" abgewertete Intuition findet in aktuellen

---

9 Quelle: DPA-Bericht vom 4.1.2005

10 Hintergrund dieser Ausführungen sind Erfahrungen der „Beratungsstelle für Kindesentwicklung" im Förderverein Psychomotorik Bonn.

11 Liedloff (1980) führte diesen Begriff als Bezeichnung für die Erfahrungsfolge, die den evolutionär abgestimmten Erwartungen in der jeweiligen Umgebung entspricht, ein. Aus ihren Erfahrungen bei den Yequana-Indianern leitet sie ihre Forderung nach einer Rückbesinnung auf körperliche und Instinkt getragene Beziehungen zu unseren Kindern ab, die bei uns (Europäern und Nordamerikanern) vielfach verschüttet und neu zu entdecken sei.

Diskussionen – auch in der Wissenschaft, z. B. der Entwicklungs- und Lernpsychologie, der Neurobiologie, der Kognitionsforschung oder der Pädagogik – wieder große Beachtung. So wird einem Genie wie Albert Einstein ein großes Maß an Intuition zugesprochen.

Es scheint an dieser Stelle hilfreich, einige der genannten und im Folgenden ausgeführten Begrifflichkeiten zu definieren:

Instinkt ist ein „naturnotwendiges" (Lorenz 1963) , angeborenes Vermögen, bei genügend aktionsspezifischer Energie und einem vorhandenen Schlüsselreiz arterhaltend und Problem lösend zu handeln.

Intuition wird hier verstanden als spontane Erkenntnis, die nicht auf begrifflicher Reflexion basiert und Sachverhalte und Gegebenheiten unmittelbar erfasst (in Anlehnung an Encarta, Enzyklopädie 2002, Microsoft)

Definition: Wissen soll hier definiert sein als die Summe aller durch aktive und passive Erfahrungen verankerten neuronalen Repräsentationen (Spitzer 2002).

Instinkt und Intuition sind also Teil des Wissens. Verschiedene Ebenen des Wissens sind sowohl hinsichtlich des Wissenserwerbes sowie der Hierarchie von Bewusstseinsprozessen zu unterscheiden (siehe Grafik Seite 68).

Wissen wird hier als kumulativer Lernprozess verstanden. Wissen knüpft dabei immer an vorhandenen Strukturen an, ergänzt und erweitert diese (Hüther 2002).

Archaisches Wissen und implizites Wissen werden oft als „Vorwissen" zusammengefasst. Krist (1999) definiert Vorwissen als „jegliches Wissen, dass Lernende bereits besitzen, bevor sie mit einer Lernaufgabe konfrontiert werden, die dieses Wissen voraussetzt oder in irgendeiner Weise tangiert" (S. 193). Mit „implizites" bzw. „intuitives" Wissen bezeichnet Krist (ebd.) die gleiche Wissensebene, je nachdem, ob

Archaisches Wissen
- phylogenetisch und ontogenetische Anpassungsprozesse
- angeborene Muster
- **Daseinsbedingung**

Intuitives Wissen
- subjektiv, spontan, ganzheitlich
- **Handlungsbedingung**

Implizites Wissen
- subjektiv, anschauungsgebunden, erfahrungsgetragen
- **Handlungsbedingung**

Normatives Wissen
- integriertes, hierarchisches, kausales Wissen
- Bewusstheit, theoretische Wissensrepräsentation,
- verbal konzeptuelle Vorstellung,
- **Urteilsbedingung**

Vorwissen

explizites Wissen

Handlung

gegenüber der verbal-kognitiv erklärenden Fähigkeit des normativen Wissens („explizites" Wissen) oder der kognitionsgesteuerten Ursache des komplexen Handelns (statt der Intuitionssteuerung) abgegrenzt werden soll.

In Hinblick auf eine genauere Abgrenzung von vorhandenen (angeborenen) Strukturen, intuitiven Entwicklungsplänen und dem Wissensausbau über handelnde Erfahrungen erscheint allerdings eine Differenzierung angebracht:

Unter „**intuitives Wissen**" werden im Folgenden alle auf überwiegend phylogenetischer Basis und nach intuitiven Entwicklungsplänen aktiv und passiv veränderte und erweiterte Repräsentationen verstanden. Darauf aufbauend und sich davon absetzend bezeichnet hier „**implizites Wissen**" die ebenfalls vorbewusste, aber ontogenetisch bedingte Erweiterung des Repräsentationsspektrums durch Erfahrungen und aktive Exploration.

Intuitive Vorstellungen und explizites Wissen stimmen nicht unbedingt überein. Krist (1999) und seine Forschungsgruppe empfiehlt, diese Diskrepanz nicht für ein Überlegenheitsmodell expliziten Wissens zu nutzen. Dass und wie das spezifische, sich vom Erwachsenen oft unterscheidende Denken von Kindern sich in Lernzugängen und Unterrichtsangeboten wiederfinden sollte, beschreiben Spiegel und Selter (2003) anschaulich. Für sie ist der „kompetenzorientierte Blick" (S. 12 f.) ein wesentliches Element eines Verständnisses und einer Unterstützung von Kindern in ihren Denk- und Lernprozessen. Er lässt erkennen, "dass Überlegungen von Schülerinnen und Schülern oft vernünftiger, organisierter und intelligenter sind, als wir es oberflächlich wahrnehmen" (ebd.)

4.1.1 Wissen – Entscheiden – Handeln

Handlungskompetenz ist wissensgeleitet. Wie aber und auf welcher Stufe beeinflusst Wissen das Handeln? Gegenstand umfangreicher Forschung sind vor allem die Genese des Wissens und die Rolle des Bewusstseins.

Die Praxisrelevanz einer Auseinandersetzung mit Wissen und Bewusstsein in Hinblick auf Entscheidungs- und Risikokompetenzen werden z. B. deutlich in den Untersuchungen von Hübner (2002) zu Routine und Unfallhäufigkeit oder Hunger (2000) zu Handlungsleitung bei Erzieherinnen in Kindertagesstätten. An ganz unterschiedlichen Zusammenhängen wird hier klar, dass es keine eindeutige Zuordnung nach

Die Aufgabe, mit DIN A4-Papier eine möglichst lange Brücke herzustellen, wird auch von Erwachsenen in der Regel erst einmal intuitiv gelöst.

dem Motto „je mehr ich weiß, desto handlungskompetenter bin ich" gibt, solange Wissen nur auf explizite Funktionen bezogen wird.

Die Frage, auf welche Wissensbereiche zurückgegriffen wird, hängt eindeutig von der Entscheidungsfrage ab, die es zu lösen gilt. Das Gehirn arbeitet dabei immer auf dem ökonomischsten Weg. So heißt das am Beispiel der Partnersuche:

I) Mann sucht Frau oder umgekehrt. Der Geschlechtstrieb ruft Instinkte wach. Es reichen wenige Sekunden, die Partnerwahl nach evolutionären Mustern auszuloten – wird mein Gefühl erwidert, ist alles entschieden.

II) Nehmen wir an, die Partnerwahl stellt sich für mich als attraktiv und richtig dar, mein Gefühl wird nicht so einfach erwidert. Jetzt werfe ich meine Erfahrungen in die Waagschale. „Frech kommt weiter" oder „Zuhören wirkt Wunder", vielleicht auch ein „betörendes Lächeln" ... Treffe ich die richtige Wahl, erhöhen sich meine Chancen erheblich.

III) Habe ich aber kein unmittelbar erfolgreiches Erfahrungsmuster auf Lager, fange ich an zu überlegen: Lohnt die Mühe? Ist sie/er vielleicht schon vergeben? Wie könnte ich es anstellen, doch noch Gefallen zu finden? Ich könnte den Plan fassen, der/dem Auserwählten mein neues Auto zu verschenken. Aber das würde bestimmt komisch wirken, und das Auto brauche ich ja selbst ... Also neue Ideen ... Das kann länger dauern und eventuell auch dazu führen, dass ich meinen Annäherungsversuch abbreche. Wenn es in mir doch weiterkocht („kognitive Inkubation"), komme ich vielleicht später mit einer überzeugenden Idee darauf zurück.

Was hier recht lustig klingt, sind differenzierte und ökonomische Zyklen von Wissen, Entscheiden und Handeln. Jede Handlung führt dabei zu einer Rückmeldung über ihren emotionalen Gehalt. War ich damit erfolgreich, hat mir das Spaß gemacht, bin ich vielleicht damit auf Widerstand oder gar Ablehnung gestoßen ... Diese Rückmeldung erweitert das Erfahrungs- oder Handlungsgedächtnis, und steht damit für die emotionale und intuitive Kontrolle künftiger Entscheidungen zur Verfügung. Alle kognitiv entworfenen Handlungsalternativen werden dieser Kontrolle unterzogen, und nur dann ausgeführt, wenn sie hier bestehen können.

In diesen Zyklen wird die wesentliche Rolle intuitiver Prozesse deutlich:

- Intuitives Wissen ist sehr umfangreich (phylogenetische und ontogenetische Erfahrungen)
- Intuition ist schneller als die Ratio

- Intuition ist entscheidungsrelevanter
- Intuitives Handeln ist oft erfolgreicher
- Intuition ist immer innengeleitet/selbstbestimmt

Intuitives Wissen von Vorschulkindern muss als Ausgangspunkt für Bildungsangebote betrachtet und konsequent weiterentwickelt werden (statt: „vergesst was ihr bisher gelernt habt ..."). So wird auch im Lehrplan für die Grundschulen (Lehrplan NRW 2008) gefordert, Vorwissen zu aktivieren und „mathematische Vorerfahrungen in lebensweltlichen Situationen aufzugreifen" (S. 55).

Wissen und Lernen sind seit langem Forschungsgegenstand. Die seit den 90er Jahren des letzten Jahrhunderts explodierende Gehirnforschung sowie die Forschungsdichte in Fragen des Wissens, Erkennens und Lernens hat einige an bisher als gesichert angenommene Erkenntnisse ins Wanken gebracht, u. a. auch grundlegende Arbeiten Piagets (1958, 1972).

Während Piaget den für ihn grundlegenden Proportionalitätsbegriff (quantitative, funktionale Gesetzmäßigkeiten; z. B. Beziehung zwischen Gewicht und Länge des Waagebalkens)[12] erst mit 11–12 Jahren gegeben sah, ergab die Spezifizierung zugrundeliegender Denkoperationen (wann werden diese Operationen im Laufe der kindlichen Entwicklung verfügbar?) etwa durch Kluwe/Spada (1981) eine wesentlich größere Altersdifferenzierung (5–17 Jahre). Auch jüngere Kinder waren zu adäquaten Entscheidungen und Handlungen in der Lage, wenn die Ebene der Papier-Bleistift-Aufgaben verlassen wurde (wobei das rein anschauliche Vorgehen mit Waagen nicht sonderlich erfolgreich war).

Das Ergebnis eines Waagebalkenversuches mit 4–6-jährigen Kindern zeigt, dass sie im Bereich von Proportionalitätshandlungen bereits sehr erfolgreich agieren können:

---

12   vgl. Bamboleo Spiel S. 58

Ergebnisse im Waagebalkenversuch:

Waagebalken mit
motorischer Beteiligung:
Wippe

	Zahl	%
Gleichgewicht erreicht	15	26,8
Gleichgewicht mit Körperkorrektur erreicht	10	17,9
Ungleichgewicht	26	46,4
Kein Ergebnis	5	9

N=56; 4–6 Jahre

Fast die Hälfte der Vorschulkinder konnte also ein Gleichgewicht herstellen und nutzte dazu sein „Körperwissen". Ist also ein körperlich intuitiver Anteil des Wissens früher entwickelt und reicht der für adäquates Handeln aus? Ist die hier begründete Handlung vielleicht sogar effektiver?

Handlungskompetenzen sind ein Ergebnis kumulierten Wissens, das über intuitives Handeln erweitert wird. Dies hat Auswirkungen auf pädagogische Überlegungen im Vorschul- und Grundschulalter, aber auch darüber hinaus. Es geht darum, intuitive Wissensbestände anzuwenden und in realen Situationen immer wieder zu überprüfen. Die Ebene von Versuch und Irrtum wird durch Erfahrung und Reflexion nach und nach verlassen.

4.1.2 Unterstützung intuitiven Wissens durch Psychomotorik

Ist Intuition vermittel- und lernbar? Die zentrale Frage, wie intuitives Wissen erweitert werden kann, ist noch nicht genügend erforscht. Es spricht aber viel dafür, dass Psychomotorik als Förderkonzept für intuitives Wissen besonders erfolgversprechend ist:

Psychomotorik als ganzheitliches Konzept einer Entwicklungsförderung spricht zentrale Bereiche intuitiven Wissens an. Mit ihren wesentlichen Ansatzpunkten

- Ausbau archaisch-sensomotorischer Aktivitäten
- Unterstützung von Selbstwirksamkeit, Selbstvertrauen
- Förderung der Individualität und Autonomie
- Förderung von Wahrnehmungsfähigkeiten und Bewegungserfahrungen
- Unterstützung sozialer Kompetenzen und sozialer Bindung
- Ausgehen von Stärken und die Unterstützung einer positiven Lernmotivation
- Lernen in emotional gesicherter und entspannter Atmosphäre

gibt sie intuitiven Zugängen zu Wahrnehmung und Bewegung freien Raum.

Beispiele psychomotorischer Förderung intuitiver Kompetenzen:

Fünf Aufgaben in 5er-Gruppen (Bei Bedarf mit einer Entspannungsaufgabe (z. B. taktile Post) vorbereiten, um Intuition Raum zu geben):

1. Pantomime: Bewegung vollenden!: Ein TN denkt sich eine Alltagsbewegung aus und beginnt diese Bewegung. Nacheinander setzen TN 2–5 die Bewegung der Reihe nach fort. Anschließend wird die ursprüngliche Absicht mit dem Ergebnis verglichen.

2. Was tun mit dem Papier?: Ein DIN A4 Papier wird schweigend herumgereicht. Hat eine TNin eine Idee, was aus dem Papier werden soll, beginnt sie kurz, das Papier entsprechend zu bearbeiten, gibt es schweigend weiter ... Reflexion s. o.

3. Die Künstlerin und ihr Werk: Eine TNin (Künstlerin) stellt 3 weitere zu einer „Skulptur" zusammen, merkt sich dieses Bild und dreht sich um. Die 5. TNin verändert nun etwas (mehr oder weniger geringfügig) an jeder TNin der Skulptur. Die Künstlerin dreht sich jetzt wieder ihrer Skulptur zu und versucht, die Veränderungen zu erkennen ...

4. Was wird hier beschrieben?: Jede Gruppe legt einen Bildbeschreiber fest. Dieser bekommt eine Postkarte, die die übrigen TN nicht sehen sollen. Sie setzen sich mit dem Rücken zum Bildbeschreiber und versuchen, das Beschriebene so, wie sie es verstehen, auf das Papier zu malen. Anschließend werden die Zeichnungen verglichen.

5. Formen laufen: Eine TNin aus der Gruppe denkt sich eine (abstrakte oder gegenständliche) Form aus, und läuft diese schweigend so groß in den Raum wie möglich. Die 4 übrigen TNinnen zeichnen den Laufweg auf ihr Papier (Protokoll), bis sie die Form erkennen. Die Lösungen werden verglichen ...

4.2 Neugier, Kreativität, Interesse, Selbstwirksamkeitserfahrungen und soziale Unterstützung

Kinder entdecken die Welt im eigenen Interesse, in eigener Weise und selbsttätig. Neben der Unterstützung und Absicherung durch die Erwachsenenumgebung ist es vor allem ein ganz eigener Faktor, der den Entdeckungsmotor antreibt: die Neugier. Diese in der Erwachsenenwelt nicht immer hochgeschätzte Eigenschaft, immer Neues erfahren und Verborgenes entdecken und entschlüsseln zu wollen, stößt das Tor zur Welt auf.

Wege für die Murmeln entdecken ...

Exploratives Verhalten legen Kinder vor allem dann an den Tag, wenn sie etwas als für sie bedeutungsvoll und erreichbar halten. Antonovsky (1997) bezeichnet in seinem über den Gesundheitsbereich hinaus bahnbrechenden Konzept der Salutogenese den „Kohärenzsinn" als wesentliche Bedingung für aktives, die eigenen Möglichkeiten ausschöpfendes Verhalten. Drei Faktoren machen diesen Kohärenzsinn aus: Verstehbarkeit, Machbarkeit und Bedeutsamkeit.

- **Verstehbarkeit:** Herausforderungen des Lebens werden als kognitiv sinnvoll, vorhersehbar, durchschaubar und erklärbar wahrgenommen. Die Aufgabe wird verstanden und ist in sich, aber auch in Hinblick auf die Umgebung stimmig.

- **Machbarkeit:** Herausforderungen werden als zu bewältigen bzw. lösbar wahrgenommen, man glaubt an die Verfügbarkeit geeigneter Ressourcen. Man fühlt sich der Aufgabe gewachsen.

- **Bedeutsamkeit:** Herausforderungen werden so bewertet, dass sie der Anstrengung und des Engagements wert seien. Wird das eigene Zutun als sinnhaft erlebt, lohnt der Einsatz.

Mit diesen drei Komponenten wird die Aufgabe zur lösbaren Herausforderung. Sie überfordert nicht, sie unterfordert nicht. Für jüngere Kinder wird dieser Kohärenzsinn zunächst noch im Zusammenhang gesicherter sozialer Bindung gestärkt. Wenn eine starke Bezugsperson für den Fall zur Verfügung steht, dass unerwünschte oder unerwartete Ergebnisse der Erkundungshandlung eintreten, fällt das Wagnis leichter. Mit der wachsenden Gewissheit einer Selbstwirksamkeit und Selbstkompetenz nimmt die Abhängigkeit vom Schutz der Bindungsperson(en) ab.

Eine Didaktik, die diesen Motor nutzen will, baut auf Erfahrungen der Selbststeuerung, auf Partizipation und auf kreative Lösungsversuche. Sie fördert Selbstwirksamkeitserfahrungen und lässt Spielräume.
Auch für den mathematischen Bereich, und sicherlich mit ebensolcher Relevanz für andere Lernfelder, formulieren Radatz u. a. (1996) Faktoren als wesentliche Lernvoraussetzungen, die dem Kohärenzmodell entsprechen und die auch im Interview mit dem mathematikbegeisterten Linus (s. o.) treffend dargestellt werden:

- ein anregungsreiches Lebensumfeld

- die Lernaufgaben entspringen diesem realen Umfeld

- die Lernaufgaben wachsen mit der Kompetenz der Kinder, sodass sie an ihnen wachsen können

- Kinder haben Vorbilder, an denen sie sich orientieren können

- Kinder erfahren eine soziale Gemeinschaft, die Ihnen Bindung und soziale Sicherheit bietet.

Diese qualitativen Kriterien für Lernumgebung legen auch nahe, dass der familiären und sozialen Unterstützung eine besonders große Bedeutung als Lernvoraussetzung zukommt. Ganztagsmodelle in Schule und Kindertagesstätte bieten nur dann Gelegenheit, unterstützende Lerngruppen zu bilden und soziale Sicherheit zu vermitteln, wenn sie über genügend personale Ausstattung verfügen. Hierfür mehr Mittel bereit zu stellen, sollte eine Schwerpunktaufgabe der Bildungspolitik sein.

4.3 Anregungsreiches Lebensumfeld

Wahrscheinlich ist die Pädagogik als zielgerichtete Fördermaßnahme von Erwachsenen für Kinder in Hinblick auf das Lernen nur zweitrangig. Die Grundlage, auf der Pädagogik erst wirken kann, sind die Lebensbedingungen, in denen sich Lernen vollzieht. Die Aufforderungen einer variationsreichen, materiellen und sozialen Umwelt und die Freiheit, diesen zu folgen, auf sie einwirken und sich an ihnen messen zu können, sind die Schlüssel zu einer erfolgreichen individuellen Entwicklung. Selbstaneignungsprozesse sind davon abhängig, ob es etwas anzueignen gibt. Bevor eine kritische Bestandsaufnahme der Realität des Lebensumfeldes von Kindern hier allzu „schlechte Stimmung" verbreitet, seien förderliche Bedingungen zusammengetragen, wie Renz-Polster (2013) sie in seinem Buch „Wie Kinder heute wachsen – Natur als Entwicklungsraum" anschaulich beschreibt. Wenn hier unter Hinweis auf die vollkommen Natur bezogene Entwicklungsgeschichte der Menschheit Natur als die für Kinder ideale Lebens- und Lernumgebung propa-

Naturerfahrungen im Waldkindergarten

giert wird, liegen die Argumente in der Vielfalt ihrer Erscheinungsformen, der Unmittelbarkeit der Erfahrungen, der dort spürbaren Freiheit, der erlebbaren Widerständigkeit und der beziehungsstiftenden Verbundenheit, die aus dem intensiven Kontakt entsteht.

Diese „Quellen kindlicher Entwicklung" sind nicht nur im Hier und Jetzt geeignete Erfahrungsräume, sondern beinhalten auch noch genügend Proviant für ein späteres Leben, das sich ja im Zusammenhang unserer Zivilisationsgesellschaft wieder von der Natur entfernen wird. Das genannte Buch ist ein wichtiges, gut begründetes, flammendes Plädoyer für eine Neuausrichtung auf die Natur als Entwicklungsraum. Diese Rückbesinnung scheint erforderlich. Unsere Bildungsbemühungen spielen sich hauptsächlich in Räumen ab. Wir müssen neue Zugänge zur Natur entwerfen.
Gleichwohl kann sie nicht die einzige Entwicklungsquelle sein, denn für viele Kinder, und auch für ihre pädagogischen Institutionen ist Natur täglich kaum erreichbar. Und deshalb geht es um eine neue Balance

Die Raumgestaltung in der Kükelhaus-Kindertagesstätte am Mondsteinweg verfolgt die Absicht, die Sinne ständig wach und aktiv zu halten.

zwischen Drinnen und Draußen. Daraus wird ein Auftrag: Der Naturbezug muss auch in unseren künstlichen pädagogischen Räumen weit stärker hergestellt werden, als dies meist geschieht. Der rechteckige, weiß getünchte und lichtdurchflutete Raum mit stolpersicherem Flachlinoleum und neonbeleuchteter Schallschutzdecke bietet von all der als günstig beschriebenen Lernumgebung nichts! Und auch nicht die asphaltierte, von überall einsehbare und mit Draht umzäunte Außenfläche. Wir müssen Natur in unsere Räume hereinholen – und dafür, wie das gelingen kann, gibt es ja auch schon viele Beispiele und Anregungen[13].

---

13 Der Förderverein Psychomotorik Bonn beteiligt sich mit seiner Fachgruppe PRAEGUNG (Psychomotorische Raumentwicklung und -gestaltung) seit Jahren an dieser Diskussion.

5. Lernschwierigkeiten

Lernschwierigkeiten in Bezug auf Mathematik werden so häufig beobachtet, dass ein eigenes Syndrom definiert wurde:

5.1 Dyskalkulie

Dieser Begriff umfasst unterschiedliche Auffälligkeiten im Verständnis von Zahlen, Rechenoperationen, Mengenverhältnissen u. a. m., die auf Probleme einer Verinnerlichung der den Begrifflichkeiten zugrunde liegenden Beziehungen hinweisen. Auch um gezieltere Therapien anbieten zu können, wurde versucht, diese Auffälligkeiten zu systematisieren. In der einschlägigen Diskussion werden drei Bereiche unterschieden, für die eine gute Erfolgsaussicht spezifischer Fördermaßnahmen angenommen wird:

Ein „Nominalismus des Zahlenbegriffes" liegt vor, wenn Kinder zwar die Zahl selbst, ihren Namen und ihre Reihenfolge kennen, aber dahinter kein Verständnis von den Mengen und Verhältnissen steckt, um die es geht. Diese Kinder zählen ihre Ergebnisse ab, und dies immer wieder neu, ohne dahinter einen Inhalt zu erkennen. Demzufolge können Sie Vorgänge wie Addieren und Subtrahieren durch Üben nicht verbessern, weil sie den Abzählprozess immer von vorne anfangen.

Wenn ein hinter einer Rechenoperation liegender Prozess nicht verstanden wird, werden mathematische Aufgaben rein mechanisch und unüberlegt gelöst. Diese „Mechanisierung von Rechenverfahren" führt dann zu Problemen bei komplexeren Aufgaben (z. B. Textaufgaben), weil die Übertragung auf das hinter der Rechenoperation liegende Modell nicht gelingt.

Das „klassische" Zählen mit den Fingern (Bleistiften, Zehen …) ist Ausdruck eines „Konkretismus", bei dem die Rechenoperation veranschaulicht werden soll. Was durchaus zunächst als Hilfsmittel dienen kann, wird dann aber zur unentbehrlichen Hilfe, ohne die Berechnung als zu schwer erscheint und nicht mehr durchgeführt wird.

Alle drei durchaus auch gemeinsam vorkommenden Auffälligkeiten der Dyskalkulie haben mit einer ungenügenden Verinnerlichung der den Aufgaben zu Grunde liegenden Bedeutungen zu tun. Die Grundlage für einen aufbauenden Gedanken fehlt. Die oft verantwortlich gemachten neurologischen Fehlleistungen bilden hier wohl eher die Ausnahme (vgl. Radatz u. a. 1996, S. 108). Hier sei an das Beispiel des PISA Turmes aus den Vorüberlegungen erinnert. Wenn die Grundlage fehlt, hilft kein Üben auf „höherer" Ebene. die Grundlage muss hergestellt werden.

Das wird auch in der lerntherapeutischen Diskussion gesehen: „Sind bestimmte Bedingungen des Lernens nicht erfüllt, müssen diese vorab hergestellt werden, treten Anzeichen für außermathematische Beeinträchtigungen auf, wie zum Beispiel erhebliche psychische Probleme, gravierende sprachliche Defizite oder anderes, was ein diagnostisches oder lerntherapeutisches Gespräch unmöglich macht, ist dringend die Hilfe anderer Fachkräfte angeraten. Dies kann den mathematischen Lernprozess jedoch nicht ersetzen. Bei entsprechend diagnostizierten kognitiven Defiziten im rechnerischen Denken ist auch hier anschließend beziehungsweise begleitend eine angemessene mathematische Förderung nötig."[14]

Gerade die Wendung der letzten zwei Sätze dieses Zitats macht aber auch die immer wieder in Syndromfestlegungen und Diagnostikentwicklungen liegende Gefahr deutlich, dass auf ein Syndrom auch oft eine Therapieindustrie folgt, die sich unentbehrlich zu machen sucht.[15] Unbestritten ist der Therapiebedarf bei Kindern mit manifestierten, die Schullaufbahn bedrohenden Rechenstörungen, zumal der durch geeignete Therapiemaßnahmen erzielbare Erfolg auch wissenschaftlich belegt wurde. So konnte nachgewiesen werden, dass durch eine die Körperwahrnehmung verbessernde psychomotorische Förderung erhebliche Leistungsdefizite im Bereich der Dyskalkulie abgebaut wer-

---

[14] http://de.wikipedia.org/w/index.php?title=Dyskalkulie

[15] Hier sei an die heftigen Diskussionen erinnert, die Anfang 2002 einem Artikel in der „Zeit" mit dem Titel „Therapie für den Zappelphillip" folgten, in dem Diagnosen wie ADS (Aufmerksamkeitsdefizit-Syndrom) oder HKS (Hyperkinetisches Syndrom) in Frage gestellt wurden.

Körperwahrnehmung in der Balance: Wann kippt das Brett?

den können (Lommer 2009). Das in der Bewegung „verkörperlichte Training" ist dabei der rein kognitiven Förderung deutlich überlegen (Linke et al. 2014).

Ziel des vorliegenden Buches ist es aber nicht, Lerntherapien zu diskutieren und weiterzuentwickeln, sondern die Bedingungen für den Aufbau mathematischer Prozesse zu benennen, die für uns alle und insbesondere für unseren Nachwuchs hinderlich oder förderlich sind – und für die förderlichen dann Ideen zu entwickeln, die ihnen mehr Raum geben.

Auf zwei zentrale Einflussbereiche soll noch ein kurzer Blick geworfen werden, weil aus ihnen wesentliche Probleme erwachsen, die einer Verbesserung der Situation entgegenstehen.

5.2 Kindheit im sozialen Wandel

Kindheit war nicht immer eine unbeschwerte Lernwiese. Kinder waren (in manchen Ländern ist das bis heute so) auch schon dringend benötigte und ausgebeutete Arbeitskräfte, Soldaten und Kanonenfutter. Sie waren die schwächste Bevölkerungsgruppe – Widerstand war kaum zu erwarten. Bis heute sind sie wichtig für die wirtschaftliche und soziale Sicherung der Erwachsenen und Alten, aber auch Armutsrisiko. In jedem Fall waren und sind sie auch Hoffnungsträger, und daran haben sie manchmal schwer zu tragen.

Es ist eine Errungenschaft moderner Gesellschaften, Kinder vor Ausbeutung und Missbrauch zu schützen und ihnen den Raum gegeben zu haben, das zu tun, was sie besser können als Erwachsene: Lernen. Al-

lerdings bestanden immer unterschiedliche Vorstellungen davon, wie dieser Raum aussehen sollte, vom absoluten Freiraum bis zum vorstrukturierten Lernraum, vom geschützten Kunstraum oder der Vorstellung, Teil der realen Gesellschaft zu sein. Ganz unterschiedliche Auffassungen von der Rolle und Notwendigkeit von Autoritäten, von den individuellen, in Selbstbildungsprozessen entfaltbaren Potentialen bis zur didaktisch strukturierten Bildungsvereinbarung. In diesem wabernden gesellschaftlichen Prozess ist aber eins klar: Kindheit soll der Freiraum sein, in dem der Mensch lernt, seine personalen, materiellen und sozialen Ressourcen zu entwickeln und zum Wohle aller zu nutzen.

Ob dieser Freiraum tatsächlich entsteht, hängt von vielen Faktoren ab, insbesondere von den gesellschaftlichen Rahmenbedingungen. Und hier lässt sich ohne Übertreibung feststellen: Der Lebensraum der Kinder wird enger. Dazu einige Blickpunkte der sozialwissenschaftlichen Diskussion:

- *Wertewandel* ist ein ständiger, jede Gesellschaft begleitender Prozess. Wir definieren unsere gesellschaftlichen Werte immer neu. Welchen Wert hat Eigentum? Darf eine Kassiererin im Supermarkt gekündigt werden, weil sie einen Joghurt jenseits des Verfallsdatums mitgenommen hat, der sonst in den Müll gewandert wäre? Welchen Wert haben Kindheit, Autorität, Ökonomie, Freizeit, Familie? Gerade die Familie hat sich in den Jahren bis zur Unkenntlichkeit gewandelt. Von der auch ihre Kinder emotional wie ökonomisch sichernden Großfamilie bis zur modernen Kleinfamilie, in der nur wenige (i. d. R. eins) Kinder bei den Eltern leben, sind es nur hundert Jahre. Wenn diese Kleinfamilie dann wenigstens halten und weiterhin den Kindern eine psychosoziale Sicherheit bieten würde! Das tut sie allerdings immer weniger – ersparen wir uns die empirischen Zahlen von Scheidungswaisen und häuslicher Gewalt. Aber was kommt dann? Wichtig für eine Gesellschaft ist, dass der Wandel neue verlässliche Werte hervorbringt.

- *Verdichtung* beschreibt einen Prozess, der unaufhaltsam mit dem gesellschaftlichen Zuwachs einhergeht. Wenn das Wissen sich alle zehn Jahre verdoppelt, entsteht eine Informationsdichte, die zumindest für den, der mitreden will, nicht ohne Einfluss auf das Lernpensum bleiben kann. Wenn die Zulassungszahlen für Autos weltweit wachsen, brauchen sie immer mehr Straßen, auf denen sie fahren können. Die Verkehrsdichte hat stark zugenommen und verdrängt andere Lebensräume. Man braucht keine „rush-hour" in der Großstadt mitzuerleben, um den wachsenden Zeitdruck wahrzunehmen, in dem sich viele Menschen befinden. Wenn Kinder keine Auskunft mehr geben können, ob sie morgen zu einem Spielnachmittag kommen können und erst mal in ihren Kalender schauen müssen, ob da nicht anderes Wichtiges zu tun ist, ist dies Zeichen eines engeren und verplanteren Zeitvolumens.

- *Funktionalisierung* meint die Aufteilung des Lebensraumes nach Funktionen wie Essen, Schlafen, Arbeiten, Spielen usw. Dies macht viele Prozesse ökonomischer und effizienter. Industrielle Fertigung war zu Hause nicht umsetzbar, man baute eine Fabrik. Jetzt wussten aber auch viele Kinder nicht länger, was Vater oder Mutter den Tag über genau machten, und schon gar nicht wie sie es machten. Funktionalisierung ist immer mit der Gefahr verbunden, den Überblick zu verlieren.

- *Mediatisierung* meint das Ersetzen der unmittelbaren Erfahrung und Kommunikation über Sprache und zwischenmenschliche Beziehungen durch Medien wie Fernsehen, Kassetten- und Videorecorder, Videospiele etc. Statt Aktivität steht hier eher Konsum im Vordergrund. Die körperliche Erfahrung, der wesentlichste Zugang von Kindern zum Lernen, wird im Lebensalltag verdrängt und scheinbar überflüssig. „Vorsicht Bildschirm" titelt Spitzer (2006) seine kritische Auseinandersetzung mit elektronischen Medien in Hinblick auf Gehirnentwicklung, Lernen und Gesundheit. Die Auswirkung von Bildschirmmedien auf die körperliche, emotionale und geistige Entwicklung von Kindern und Jugendlichen wird zwar in der Öffentlichkeit heterogen diskutiert, in der Fachwelt aber überwiegend kritisch betrachtet.

Absender:

Name

Vorname

Beruf

Straße

PLZ/Ort

Bitte informieren Sie mich regelmäßig über Ihr Buchprogramm per E-Mail an (ich kann diese Verfügung jederzeit schriftlich widerrufen):

Porto zahlt Empfänger

Antwort/
Postkarte

BORGMANN MEDIA
verlag modernes lernen
borgmann publishing

Schleefstraße 14

D - 44287 Dortmund

Sehr geehrte Leserin, sehr geehrter Leser,

uns interessieren Ihre ganz persönliche Meinung sowie Ihre Interessengebiete. Beides ist für die zukünftige Arbeit unseres Verlages sehr wertvoll. Vorteil für Sie: Über entsprechende Neuerscheinungen werden Sie regelmäßig informiert. Sie erhalten unsere Bücher im Buchhandel oder direkt beim Verlag.

Diese Karte lag im Buch (bitte eintragen!):

Verlags-Bestell-Nr. _____

Aufmerksam wurde ich durch

- ○ Verlagsprospekt
- ○ Empfehlung meines Buchhändlers
- ○ Empfehlung eines/r Bekannten
- ○ Anzeige in einer Zeitschrift
- ○ Fortbildung beim Autor
- ○ Namen des Autors
- ○ Pressebesprechung
- ○ Internetrecherche allg.
- ○ Homepage d. Verlages
- ○ Geschenk

Mein Urteil:

Bitte informieren Sie mich über folgende Sachgebiete:

- ○ **Bewegtes Lernen / Psychomotorik**
- ○ **Diagnostik / Frühförderung / Kindergarten / Grundschule**
- ○ **Sonderpädagogik / Sozialpädagogik / Heilpädagogik**
- ○ **Ergotherapie / Neurologie**
- ○ **Sprachheilpädagogik / Sprachtherapie / Logopädie**
- ○ **Pädagogische Psychologie / Lernpsychologie**
- ○ **Systemische Therapie / Familientherapie / Verhaltenstherapie / Psychotherapie**
- ○ **Multimedia (Audio-CD, DVD)**
- ○ **E-Books**

Bitte Absender auf der Rückseite nicht vergessen!

Dies sind natürlich nur einige Kernpunkte lernrelevanter sozialkultureller Entwicklung. Im Einzelfall wirken sie zusammen. Wie sie zusammenwirken, hängt immer damit zusammen, welchen Wert wir einem Prozess beimessen. Brauchen wir noch die Fähigkeit des „Kopfrechnens", wenn wir es doch beim Einkauf zu eilig haben? Dafür gibt es überall Taschenrechner und die Supermarktkasse wirft ohnehin den fälligen Betrag aus. Die Kasse stimmt immer, aber wurde der richtige Betrag eingegeben? Wenn wir das nicht wollen, wenn wir statt dessen Menschen wollen, die kritisch und engagiert unsere Welt mitgestalten, müssen wir – um im Beispiel zu bleiben – der Überschlagsrechnung einen entsprechenden Wert beimessen und dafür über eine Interessensgruppe (Lobby) einen gesellschaftlichen Konsens suchen. Wenn die Lobby für eine unbeschwerte, lernoffene und anregungsreiche Kindheit (vielleicht besser allgemein: Lobby für Kinder) zu schwach ist, nimmt die Gefahr zu, dass Entwicklungsräume für Kindheit enger werden. Und diese Auswirkung ist unschwer zu beobachten.

Dementsprechend können die größten und häufigsten Lernhindernisse in den mangelhaften Erfahrungsräumen der Kindheit ermittelt werden. Es ist schon viel darüber geschrieben worden, aber es deutet wenig darauf hin, das sich in der Breite die Entwicklung umkehrt: In einem wachsenden Spannungsfeld zwischen Förderwahn und Vernachlässigung bleiben vor allem der Freiraum für das Kind, das freie Spiel, der freie und unmittelbare Zugang zur Natur („Das letzte Kind im Wald", Louv 2013) oder die Verlässlichkeit der sozialen Bindungen auf der Strecke. „Die Welt kommt ins Haus, man muss sich nicht mehr zu ihr begeben. Fern-sehen, Fern-schreiben, Fern-hören, Fern-sprechen, egal wie weit weg, alles ist gleichermaßen erreichbar (sichtbar, hörbar) geworden. Nur nicht greifbar (und vielleicht auch nicht mehr begreifbar), denn die Bilder im Fernsehen sind eben nur Bilder und keine richtige Welt, die man anfassen, riechen, in der man sich bewegen, die man verändern kann." (Zimmer 1997, S. 23) Die Neuausrichtung auf den Lernraum Natur, wie Renz-Polster und Hüther (2013; s. o.) sie vorschlagen, ist in diesem Zusammenhang sicher ein wirkungsvoller Ausweg.

5.3 Bildungssystem und Bildungswahn

Gleichwohl reagiert unser Bildungssystem in erster Linie konventionell. Wie bereits besprochen, wurden nach den rund um die Pisastudie „erkannten" Defiziten erst einmal die Daumenschrauben angezogen. Kindheit wurde auf uneffiziente Zeiträume hin durchforstet. Es wurde versucht, etwa durch „Bildungsvereinbarungen" für den Kindergarten, die Lücken zu schließen. Trotz der alten Bauernweisheit, dass „vom Wiegen die Sau nicht fett wird", wurde erst einmal ein pädagogisches Frühwarnsystem installiert. Diagnostiken und Protokollarbeiten wurden zu einem Kernbereich der pädagogischen Aufgabenbeschreibung. Für die Schule wurden Vergleichsarbeiten installiert, die zum Beispiel die Rechenleistungen (VERA) von DrittklässlerInnen für jede Klasse erfassen und mit den durchschnittlich erreichten Leistungen anderer SchülerInnen der dritten Klassen vergleichen. Für solche Maßnahmen mag es gute Argumente geben – der Erzieher und die Lehrerin haben jetzt aber noch weniger Zeit, mit den Kindern, um beim oben beschriebenen Konzept des Lernens in der Natur zu bleiben, auf einen Ausflug in den Wald zu gehen.

Dass dann gerade unser Bildungssystem Gefahr läuft, durch die Häufung von Wissensvermittlung aus zweiter Hand und Vernachlässigung des individuellen, eigenständig und kreativ forschenden Zugangs von Kindern den oben angesprochenen Motor des individuellen Lernens, die Neugier, zu gefährden, wird nicht nur von Ansari (2013): „Rettet die Neugier!", beobachtet. Ansari sieht vor allem die Akademisierung von Kindheit, die Fokussierung und Reduzierung von Bildung auf Wissensvermittlung als Ursache für den Verlust intrinsischer Motive und Selbstbildungsenergien. Treffend benennt er ein Kapitel seines Buches: „Naturerfahrung ist nicht Naturwissenschaft" (ebd. S. 187 ff.). Am Beispiel der „Kapitänsaufgabe"[16] beschreiben Spiegel und Selter (2013), wie SchülerInnen schon nach wenigen Schuljahren das eigenständige Denken einstellen und die kritische Distanz verlieren.

Es sind nicht nur die Bildungsinstitutionen, die sich mit kreativen und an der Individualität von Kindern ausgerichteten Inhalten schwertun. Die Diskussion um Bildung und damit verbundene Zukunftschancen hat längst die Eltern erreicht und zusätzlich besorgt. Viele von Ihnen sind anfällig gegenüber Versprechungen, die von einem wachsenden „pädagogischen" Markt verheißen werden. Die Nachfrage nach frühester Unterstützung, z. B. nach Krippen, wächst noch, wenn dort Kleinkinder an Fremdsprachen, Forschertätigkeiten und Naturwissenschaften herangeführt werden.

---

16 Bei der Kapitänsaufgabe wird überprüft, ob und wie Kinder eine Aufgabe lösen, die nach dem Muster „Ein Schiff fährt mit großer Ladung 100 Seemeilen nach Süden, dann 50 Seemeilen nach Westen und schließlich 50 Seemeilen nach Norden … Wie alt ist der Kapitän?" zunächst einmal unsinnig ist. In der oben genannten Veröffentlichung wird dargestellt, dass SchülerInnen nach einigen Schuljahren eher bereit sind, diese Aufgabe zu „errechnen", als Schulanfänger, die spontan erkennen, dass es sich um eine „Quatschaufgabe" handelt.

5.4 Fazit

Es sind im Wesentlichen Verletzungen der aus unterschiedlichsten Untersuchungen bekannten und oben teilweise beschriebenen Voraussetzungen für das Lernen, die zu den zu beobachtenden Lernschwierigkeiten führen. Hier steht Mathematik in einer Reihe mit anderen Lerninhalten. Allerdings ist das mathematische Denken besonders abhängig von Raumerfahrungen und damit von Bewegung.

Die Auswirkungen unzureichender Lernvoraussetzungen sind in der Mathematikdidaktik bekannt. So sehen Raddatz u. a. (1998) insbesondere Störungssymptome in der Ausprägung von

- mangelhaften kognitiven Stützfunktionen (Begeisterung, Phantasie, Konzentrationsfähigkeit, Einprägestrategien),
- psychisch-emotionalen Überlagerungen (Angst vor Mathe),
- Fehlleistungen in der Raumwahrnehmung, Gruppenerkennung und auch in der Zahlbeziehung und
- Insbesondere das Fehlen eines visuellen Sich-Vorstellen-Könnens (ebd. S. 108 f.).

Ein psychomotorisches Förderkonzept kann als isolierte Maßnahme die oben genannten Lernbedingungen nicht herstellen. Aber es setzt im Bereich bekanntermaßen förderlicher Bedingungen an und greift die symptomatischen Erscheinungsformen auf. Dies allerdings immer unter der psychomotorischen Perspektive eines Ansatzpunktes an den Stärken der Kinder, an dem, was sie schon können, und nicht an ihren Fehlern, Störungen und Mängeln.

6. Fördermaßnahmen

Wir sollten die genannten Zusammenhänge für alle Bildungsbereiche im Blick halten, auch für die Mathematik. Die folgenden Praxisvorschläge beziehen sich deshalb zunächst auf die psychomotorische Vorbereitung mathematischer Vorstellungen. Eine Reihe von Förderbeispielen wurde bereits in den Theoriezusammenhang eingestreut. Sie werden nachstehend in die Systematik einbezogen und mit der jeweiligen Seitenzahl genannt um schneller gefunden werden zu können.

Wie beispielhaft mit diesen Praxisanregungen belegt, kann Psychomotorik alle Voraussetzungen mathematischer Denkprozesse positiv beeinflussen. Der psychomotorische Blick auf die Stärken der einzelnen Kinder lässt vorhandene Kompetenzen erkennen, auf denen weiterführende Lernprozesse aufbauen können.

Im zweiten Schritt (S. 131ff.) richten sich die Fördervorschläge an den mathematischen Kompetenzbereichen und Bildungsstandards aus, wie sie im Grundschulcurriculum (in diesem Falle NRW, 2008) gefordert werden. Dem beschriebenen Kerngedanken dieses Buches entsprechend sind die Rubriken „psychomotorische Vorbereitung" und „mathematische Kompetenzbereiche" selbstverständlich nicht trennscharf sondern fließend ineinander übergehend.

Weil die Praxisvorschläge keineswegs nur auf Kinder zu beziehen sind und sich die jeweilige Nennung von Partnerinnen und Partnern sowie MitspielerInnen sehr aufwendig gestaltet, wird im Folgenden in der Regel einheitlich von TN (Teilnehmerinnen und Teilnehmer bzw. Teilnehmende) gesprochen.

6.1 Mathematik psychomotorisch vorbereiten

Auf der Basis einer positiven Sicht vom Kind (Kinder als Lerngenie, Sicht auf die Stärken des Kindes) lassen sich gerade mit einer psychomotorischen Vielfalt von Praxisvorschlägen wesentliche Grundlagen für einen Zugang zur Mathematik legen. Sie sind im Folgenden nach Förderbereichen zusammengestellt, die der Systematik von Radatz u. a. (1996) entsprechen und aus psychomotorischer Sicht erweitert wurden.

6.1.1 Visuelle Operationen

„Schau-genau-hin-Spiele" sollen helfen, klare und differenzierte Wahrnehmungen zu entwickeln. Unsere visuell dominierte Umwelt führt, wenn sie überfrachtet ist, eher zu diffusen und unklaren Bildern, in denen vor lauter Masse der Blick auf das Einzelne verloren zu gehen droht.

- Pantomime (S. 75)

- Fotograf und Kamera: 2er-Gruppen, 1 TN führt die „Kamera" (2. TN) zu beliebigen Objekten und richtet die „Linse" (Augen) genau aus. Mit einem Druck auf den Scheitel öffnet sich die Linse für einen kurzen Moment und das Bild ist „im Kasten". Nach 5 bis 7 Fotos bleiben die Gruppen stehen und die „Kamera" erzählt der Fotografin, was sie aufgenommen hat (siehe Abbildung S. 99, oben).

- Formen beschreiben: In einer Gruppe von 5 TN erhalten 4 jeweils fünf gleiche Bausteine. Diese 4 sitzen mit geschlossenen Augen vor ihren Steinen. Dem 5. TN wird nun eine Abbildung gezeigt, auf der 5 Bausteine in einer bestimmten Zusammenstellung dargestellt sind. Diese Abbildung soll jetzt so beschrieben werden, dass die 4 „blinden" TN ihre 5 Bausteine möglichst identisch aufbauen können (siehe Abbildung S. 99, unten).

Fotograf und Kamera

Formen beschreiben

Variationen:

- Die TN dürfen die Vorlage nicht sehen, aber ihre Steine mit offenen Augen der Beschreibung nach aufstellen.
- Die TN bekommen zusätzlich ein DIN-A4-Blatt. Dieses stellt gewissermaßen den Raum dar, in dem die Bausteine („Möbel") aufgestellt werden. Die Steine dürfen also den Rand des Blattes nicht überragen.

- Nachsitzen: 1 TN setzt sich hinter einem Vorhang in eine beliebige Position. Eine andere TN beschreibt diese Position für alle anderen Gruppenmitglieder, die versuchen, möglichst genau die beschriebene Position einzunehmen (Variation: Spiegelbild).

6.1.2 Auditive Wahrnehmung

Spiele zur akustischen Differenzierung und Diskrimination variieren diese für viele andere Lernbereiche (z. B. Spracherwerb) zentralen Wahrnehmungsfähigkeiten.

- Heulbojenspiel: Aus einer größeren Gruppe von TN werden ca. 3 „Schiffe" bestimmt, die auf „hoher See" (eine Stirnseite des Raumes) darauf warten, in den „Hafen" (gegenüberliegende Wand) einlaufen zu können. Da sie des Nachts (mit geschlossenen Augen) einlaufen, sind sie dringend auf die Heulbojen (alle übrigen TN) angewiesen, die über den Untiefen der Hafeneinfahrt (verteilt im Raum) schwimmen und mit ihrem Dauerton auf die Gefahrenstelle hinweisen.

    Variation: Das Verhältnis von Schiffen und Heulbojen kann verändert werden. Wenn weniger Heulbojen da sind und weiter auseinanderstehen, senkt das die Anforderungen an die „Schiffe".

- (Ab)hörskandal: Für diese Spielformen werden Schleuderhörner in der Zahl der TN benötigt.

- Heulrohr – dieser ebenfalls für das Schleuderhorn gebräuchliche Name lässt schon erahnen, was passiert, wenn das Schleuderhorn in der Luft im Kreis herum gedreht wird. Nachdem zunächst versucht wird, möglichst viele unterschiedliche Klanghöhen zu erreichen, einigen sich die TN auf einen Ton. Alle TN versuchen nun, diesen Ton zu erzeugen. Wenn das gelingt, wird ein neuer Ton vereinbart ...
- Lautsprecher: Das Schleuderhorn wird als Verstärker benutzt um Phantasiegeräusche laut in die Welt zu pusten. Wenn dabei der vordere Teil des Gerätes noch im Kreis geschleudert wird, verstärkt dies den Effekt. So könnten jetzt Musikgruppen entstehen, die sich auf ein „Lied" einigen und mit der Lautstärke, den Klangeffekten, dem Schleuderrhythmus etc. spielen.
- Flüsterrohr: Man kann allerdings auch ganz leise in das Rohr flüstern. Dies wird zunächst ausprobiert, indem sich die TN das andere Ende an das eigene Ohr halten und dann in das Rohr hi-

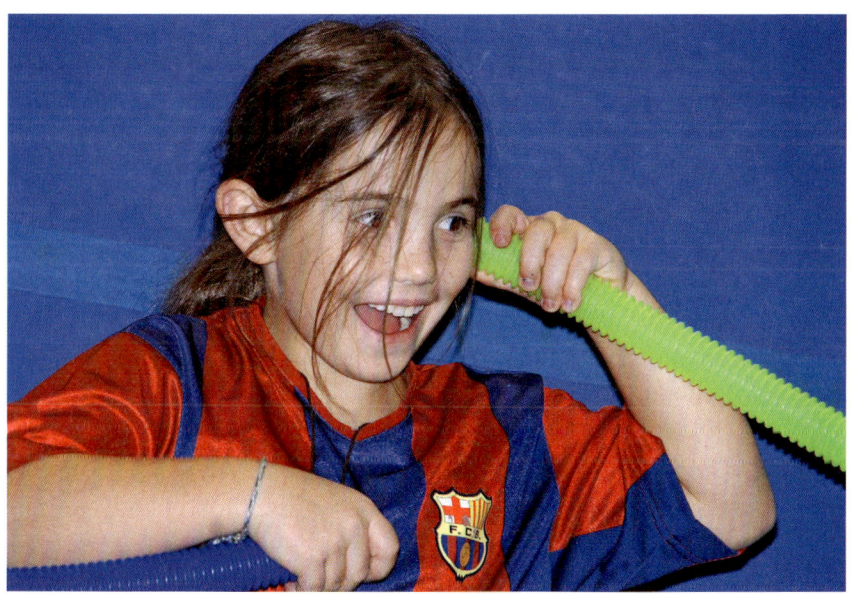

Bei der „Flüsterpost" wird eine Nachricht in einer Gruppe von einem TN zum anderen weitergegeben.

neinsprechen. Sie merken dann schnell, dass sie aufgrund der Verstärkerwirkung des Rohres sehr leise sprechen müssen. Jetzt können sich die TN gegenseitig kurze Nachrichten übermitteln, Witze erzählen ... so, dass kein anderer sie hören kann.
- Das längste Telefon der Welt: Hierbei werden von jedem TN zwei Rohrenden fest zusammengehalten und alle TN bilden eine lange Reihe. Jetzt kann ein TN vom Ende der Reihe aus eine Nachricht in das Rohr sprechen, die am anderen Ende verstanden werden soll. Dies funktioniert auch um die Ecke herum und von einem Raum zum anderen ...
Variation: Die TN in der Mitte der Reihe können dann auch versuchen, die Nachricht „abzufangen", indem sie ihr Ohr fest an ein Rohr drücken. Dabei müssen sie allerdings weiterhin ihre jeweils zwei Rohre fest zusammenhalten.

- Führen und geführt werden (siehe Abbildung S. 103):
Führaufgaben sind methodisch einfach, von besonderer sozialer Wirkung und ungemein vielseitig. Je nach Aufgabenstellung können hier alle Sinne angesprochen werden. Im Folgenden soll mit Geräuschen geführt werden: die TN finden sich partnerweise zusammen. Eine sehende Partnerin führt die „blinde" mit Hilfe eines vereinbarten Geräusches (in die Hände klatschen, plappern, singen ...) durch den Raum. Die „blinden" TN versuchen, sich auf das Geräusch ihrer Partnerin zu konzentrieren und alle anderen zu vernachlässigen.

Variationen, die die Aufgabe erleichtern:
Jedes Paar darf nur ein eigenes, unverwechselbares Geräusch (z. B. Tamburin, Mundharmonika, Händeklatschen, Singen, mit den Füßen stampfen) nutzen.

Variationen, die die Aufgabe erschweren:
- Die Bandbreite der Geräusche wird eingeschränkt: Alle TN dürfen nur durch Händeklatschen führen und geführt werden.
- Wie zuvor. Mehrere bestimmte TN versuchen, das Händeklatschen einer führenden TN möglichst charakteristisch wahrzunehmen und so echt nachzumachen, dass die „blinde" Partnerin

Führen und Folgen im frisch gefallenen Schnee.

sich ablenken lässt. Wenn dies gelingt, führt die neue Partnerin weiter und die alte wird frei für neue „Schandtaten": sie versucht sich woanders einzuschleichen. Nach einer bestimmten Zeit vergewissern sich die Geführten, vor welchem TN sie stehen.
- Und noch eine anspruchsvolle Variante: Jetzt sind wieder alle Geräusche für das Führen zulässig und die Partner bewegen sich im Raum. Wenn sie nun ein Geräusch hören, das vorher nicht im Raum war (dieses Geräusch produziert die Spielleiterin), versuchen die Geführten mit geschlossenen Augen, zu dieser neuen Geräuschquelle hin zu gehen (zweckmäßigerweise stellen die bis dahin Führenden ihr Geräusch dann ein). Haben alle geführte die Geräuschquelle gefunden, verstummt es. Dafür beginnen die Führenden, die noch an dem Ort stehen, an dem sie verlassen wurden, wieder mit ihrem Geräusch, das nun von den Partnerinnen wieder gefunden werden soll.

- Der Zauberreifen: Bei diesem Spiel zur Hörkonzentration wird ein Gymnastikreifen (sehr geeignet ist auch ein „Euler Kreisel") angedreht. Während er sich im Fallen immer schneller und lauter dreht, warten die TN mit geschlossenen Augen gespannt auf das Ende der Drehung: Wenn der Reifen schließlich mit dem typischen klatschenden Geräusch zur Ruhe gekommen ist, versuchen die TN möglichst schnell ein Ziel (z. B. eine Weichbodenmatte) zu erreichen, eine bestimmte Bewegung auszuführen (dreimal hochspringen) oder ein Fangspiel zu beginnen …

6.1.3 Rhythmus

Rhythmen sind nicht nur lebenswichtig (unser Herz schlägt rhythmisch, wir leben im Rhythmus der Jahreszeiten, der Tageszeiten, des Lichtes …), sondern helfen uns auch grundlegend, unsere Welt zu strukturieren. Wir merken uns größere Zahlen (z. B. Konto- oder Telefonnummern), indem wir ihnen einen Rhythmus geben, etwa Paare oder Dreiergruppen bilden, die sich dann mit einer rhythmischen Sprachmelodie einprägen. Dies ist individuell unterschiedlich und dominant. Ich merke mir die Telefonnummer 672 482 und erkenne sie kaum wieder, wenn jemand nach der 67 24 82 fragt. Das rhythmische Empfinden zu fördern, unterstützt Lernkompetenzen vielfältig.

- Rhythmus in Bewegung: Die TN geben nacheinander einen Rhythmus vor, den die übrigen in einer beliebigen Bewegung aufnehmen (große und kleine Schritte, Sprünge, Kopfnicken, Kniebeugen, mit den Füßen stampfen, in die Hände klatschen …).
    - Variation: die Hälfte der Gruppe bleibt bei diesem Rhythmus. Für die zweite Gruppe gibt eine weitere TN einen neuen Rhythmus vor. Beide Gruppen halten ihren Rhythmus bei.
    - Variation: Beide Gruppen üben beide Rhythmen. Dann übernimmt jede Gruppe einen der Rhythmen. Auf ein Zeichen hin wechseln sie.
    - Variation: 4 Gruppen klatschen unterschiedliche Rhythmen. Sie versuchen, ihren Rhythmus beizubehalten, auch wenn sie jetzt (durcheinander-) gehen.

- Rhythmen erstellen: Die TN bekommen 3 verschiedene Gegenstände in größerer Zahl, die sie mit einem selbst zu erzeugenden Geräusch verbinden. z. B.:

    Ball   = in die Hände klatschen
    Tuch = mit den Füßen stampfen
    Stab = „Hallo" rufen

    Jetzt werden die Gegenstände in beliebiger Reihenfolge auf dem Boden ausgelegt und von links nach rechts in die entsprechenden Geräusche umgesetzt. Das kann dann auch rückwärts geschehen und allmählich schneller werden. Es entsteht eine rhythmische Melodie.

- Seildurchschlag: Fast in Vergessenheit geraten ist das „Teddybär"-Spiel mit dem langen Seil, das von zwei TN in einem ruhigen Tempo und möglichst gleichmäßig in einem Durchschlagskreis bewegt wird. Die MitspielerInnen laufen in Drehrichtung in dem Moment los, in dem das Seil auf den Boden aufschlägt und können dann unter dem hochschwingenden Seil durchlaufen. Wenn sie an der Stelle, an der das Seil den Boden berührt, hochspringen, kreist das Seil um sie herum – das machen sie solange sie wollen/können, und danach laufen sie zur anderen Seite hinaus. Bekannt ist der rhythmisch begleitende Kindervers:

Teddybär, Teddybär, dreh dich um,

Teddybär, Teddybär, mach dich krumm,

Teddybär, Teddybär, heb ein Bein,

Teddybär, Teddybär, geh nun heim!

Variationen:
- Für AnfängerInnen: Das lange Seil wird dicht über dem Boden langsam hin und hergeschwungen. Wann ist der rechte Zeitpunkt loszulaufen, um über das heranschwingende Seil springen zu können? Klappt es auch, mehrmals hintereinander in der Mitte hochzuspringen, ohne vom Seil berührt zu werden?
- Jetzt wird das Seil in einer möglichst gleichbleibenden Geschwindigkeit durchgeschwungen.
- Für Geübte: Doppeldurchschlag mit zwei langen Seilen, die gegenläufig geschwungen werden (hier läuft man zweckmäßigerweise in etwa aus der Position des Seilschwingers hinein).
- Seilchenspringen mit dem Einzelseilchen in verschiedenen Rhythmen
- Hubschrauberspiel: Das Seil wird dicht am Boden von einem TN im Kreis um sich herum geschleudert. Wer sich traut, läuft in den Radius und springt jeweils über das heranrauschende Seil. Wenn die „Puste" ausgeht, sollte der Radius verlassen werden.

- Reifenstraßen: Reifen sind in fast jeder Turnhalle vorhanden. Sie lassen sich in unterschiedlichste Spielzusammenhänge einbinden. Hier einige Beispiele zur Rhythmusschulung mit am Boden ausgelegten Reifen. Dabei sollte darauf geachtet werden, dass die TN vor allem wegen der Rutschgefahr nicht auf die Reifen treten.
    - Reifen werden in einer Gasse ausgelegt. Die TN laufen in einer festgelegten Reihenfolge von Schritten hindurch, z.B. rechts-

links-beidbeinig (3-er Rhythmus), rechts-beidbeinig-links-beidbeinig (2-er oder 4-er Rhythmus) usw. TN erfinden einen eigenen Rhythmus und laufen ihn.

Variation: TN gehen paarweise zusammen. Während einer von ihnen einen Rhythmus erfindet und vorläuft, folgt der/die PartnerIn in kurzer Distanz und versucht, den selben Rhythmus nachzulaufen.

- Variationen entstehen z. B. durch eine Veränderung der Reifenanordnung und des Reifenabstandes. Die Reifen können seitlich verschoben werden. Wenn z. B. jeder zweite Reifen rechts/links verschoben wird, kann dies durch ebenso regelmäßige rechts-links-Schritte beantwortet werden. Die Reifen können aber auch in einem anderen Rhythmus oder ganz unregelmäßig verschoben werden. Wer kann daraus einen Rhythmus zusammenstellen?
- Weitere Variationen entstehen durch farbige Reifen, wenn den einzelnen Farben bestimmte Bewegungen zugeordnet werden.
- Die Reifen werden in der Raummitte so übereinander geworfen, dass sie sich unregelmäßig überschneiden.

  Jetzt versuchen die TN diesen Reifenhaufen zu durchqueren, ohne auf einen Reifen zu treten. Mit einiger Erfahrung können sie sich Laufwege ausdenken, die sie dann zu laufen versuchen.

6.1.4 Auge-Hand-Koordination

Die sensorische Integration von Wahrnehmungen und Bewegung ist ein Wechselspiel, von dem ein großer Teil unserer Handlungsfähigkeiten für den Alltag abhängt. Wir lernen das Begreifen durch das Greifen und wir greifen erst einmal das, was wir sehen. So ist die Auge-Hand-Koordination auch für eine Kulturtechnik wie Schreiben unerlässlich.

- Tuch-Jonglage: Hierfür werden farbige Chiffontücher benötigt, die einerseits eine optisch reizvolle Wirkung entfalten und andererseits so langsam fliegen, dass ein größerer Zeitraum für die Bewegungskoordination entsteht, als dies bei Jonglierbällen der Fall ist.

Nachdem in verschiedenen Laufspielen die Schwebeeigenschaft des Tuches erfahren wurde, ist es Zeit für den „Gespenstergriff", bei dem ein Tuch in der Mitte gegriffen wird. In wenigen Schritten kann die Drei-Tuch-Jonglage gelingen:
- Einzeltuch hochwerfen und mit der gleichen Hand fangen.
- Einzeltuch schräg vor der Brust hochwerfen und mit der anderen Hand von oben fangen („krallen").

- Dito mit der anderen Hand.
- In der Zeit, in der das Tuch fliegt, können „Kunststücke" gemacht werden.
- Zwei Tücher werden jeweils in einer Hand gehalten. Das erste Tuch wird wie beschrieben geworfen und das zweite folgt, wenn das erste an seinem höchsten Punkt ist. Die Tücher werden jeweils von der anderen Hand von oben „gekrallt".
- Drei Tücher: In einer Hand wird ein zweites Tuch gehalten, mit dem die Bewegung beginnt. Wenn das erste Tuch oben ist, wird das zweite mit der anderen Hand geworfen.
  Die Hand, die das zweite Tuch geworfen hat, fängt das erste Tuch.
  Ist das zweite Tuch oben, wird das dritte Tuch (auf der Bahn des ersten Tuches) geworfen usw.

Variation:
Partnerjonglage: Zwei Personen stehen mit insgesamt drei Tüchern nebeneinander und nur die Außenhände jonglieren.
Die Flugkurve der Tücher bleibt wie oben: Hoch diagonal vor den Partnern, runter senkrecht.

- Streichholzspiele: Jeder TN bekommt eine der Aufgabe entsprechende Anzahl von Streichhölzern. Für das nachfolgende Beispiel werden 12 Streichhölzer benötigt:
  Es besteht aus folgenden Aufgaben:
  - Lege aus vier/sechs/acht Hölzer Figuren! (1)
  - Lege aus vier/acht Hölzern ein Quadrat! (2)
  - Lege aus 12 Hölzern 5 Quadrate! (3)
  - Lege aus 5 Hölzern zwei Dreiecke! (4)
  - Wie viele Hölzer benötigst Du mindestens für ein Rechteck, das kein Quadrat sein soll? (5)

Für diese im Schwierigkeitsgrad leicht differenzierbaren Legespiele gibt es unzählige Vorlagen (z. B. Picon; Malett, 2003). Auch im Internet lassen sich viele Beispiele finden.

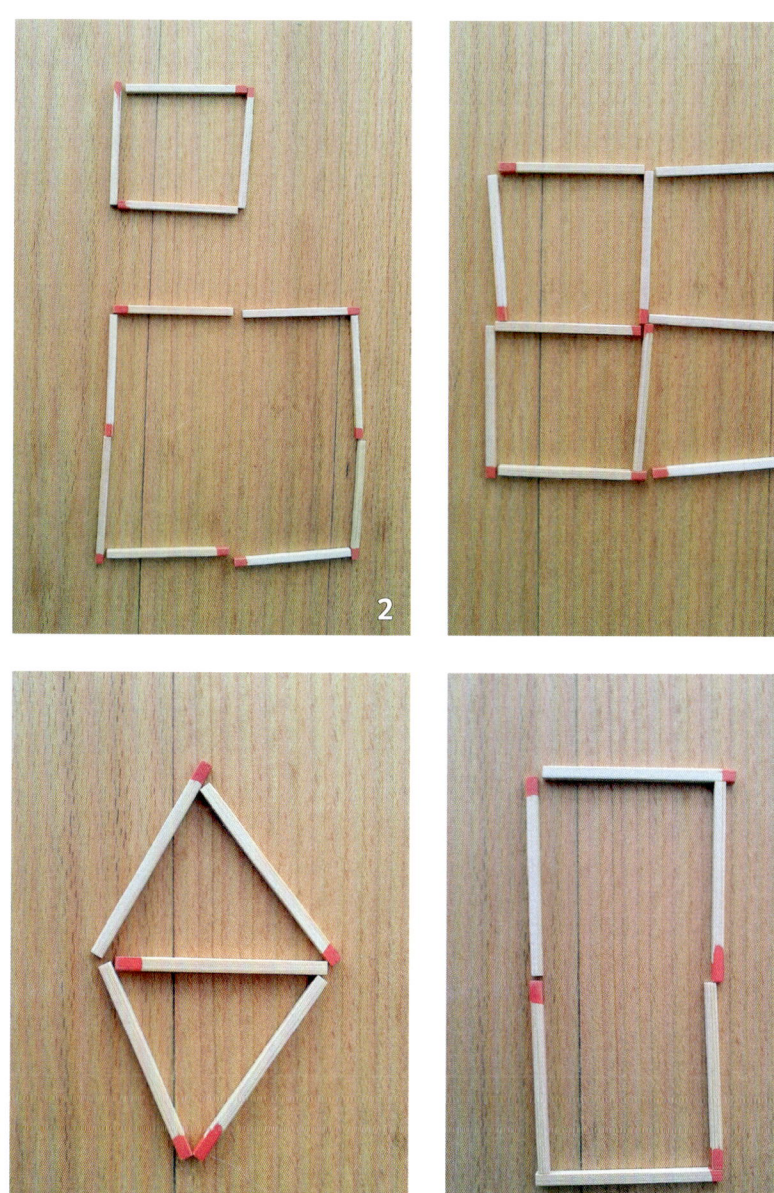

- Zielwurf: Ein im Rahmen der Veränderung unserer Lebenswelt offensichtlich vernachlässigter Bewegungsbereich ist der Zielwurf. Wohin sollen Kinder die Steine auch schmeißen? Eine Folge davon ist sicherlich, dass Kinder in entsprechenden Testergebnissen (z. B. Zielwurf auf eine rote Scheibe mit einem Durchmesser von 40 cm aus 4 m Entfernung, wie beim Test MOT 4–6 gefordert) sehr deutlich hinter den Erwartungen zurückbleiben.
  Eine Kleingruppe vereinbart ein Ziel in erreichbarer Entfernung, das nun alle TN mit einem Tennisball etc. zu treffen versuchen. Daraufhin nehmen sie sich ein nächstes Ziel vor usw. Zum Schluss ist das gemeinsame Ziel die Aufbewahrungstonne.
  - In diesen Bereich gehören viele Zielspiele wie Dart, Frisbee, Dosen- oder Ringewerfen, u. a. m.

Der Gongmann – ein attraktives Wurfziel im Außengelände

Hugo Kükelhaus (1982) hat als eine seiner „Stationen zur Entfaltung der Sinne" diese Idee noch erweitert. Am Querbalken eines etwa in 5 m Entfernung von einem mit Kies belegten Spazierweg stehenden Tores sind eine ganze Reihe unterschiedlich großer und nach der Größe sortierter Blechdeckel befestigt. Im Idealfall sind diese so gestimmt, dass eine Werferin mit Übung durch Steintreffer eine Melodie spielen kann ...

- **Pass auf!:** Durch einen Schlauch, eine Röhre etc. wird eine Murmel auf den Boden rollen gelassen. Die TN versuchen, die Murmel unmittelbar nach Verlassen der Röhre zu fangen. Diese Aufgabe kann in geeigneter Weise mit dem Bau einer Murmelbahn verbunden werden, die mit den unterschiedlichsten Materialien und in unterschiedlichen Größen erfolgen kann[17].
  - Das bekannte Gesellschaftsspiel „Spitz pass auf" fördert auf kleinem Raum Aufmerksamkeit, Konzentration und die Auge-Hand-Koordination.

---

17 Viele Anregungen zum Bau von Murmelbahnen finden sich in Beins, H. J.; Klee, T.: Bauen ist lustvolles Lernen, Borgmann 2014

- Falt-, Schneide- und Handschattenspiele

  - Faltspiele: Wer hat nicht gerne als Kind Papierflieger gebaut? Von der einfachen „Schwalbe" bis zur komplexen „Concorde" gibt es unzählige Vorlagen (z. B. im Internet) und für Eigenkonstruktionen besteht ein großer Freiraum. Die Verbindung von feinmotorischer Herstellung und grobmotorischem Ausprobieren macht dieses Thema für jede Spielpause und Bewegungsförderung interessant.
  Insbesondere aber die Möglichkeit zu experimenteller Veränderung der Flugeigenschaften (z. B. durch Steuerklappen, durch Verstärkung der „Nase", Veränderung der Flügelform usw.) bietet Raum für Forscher.

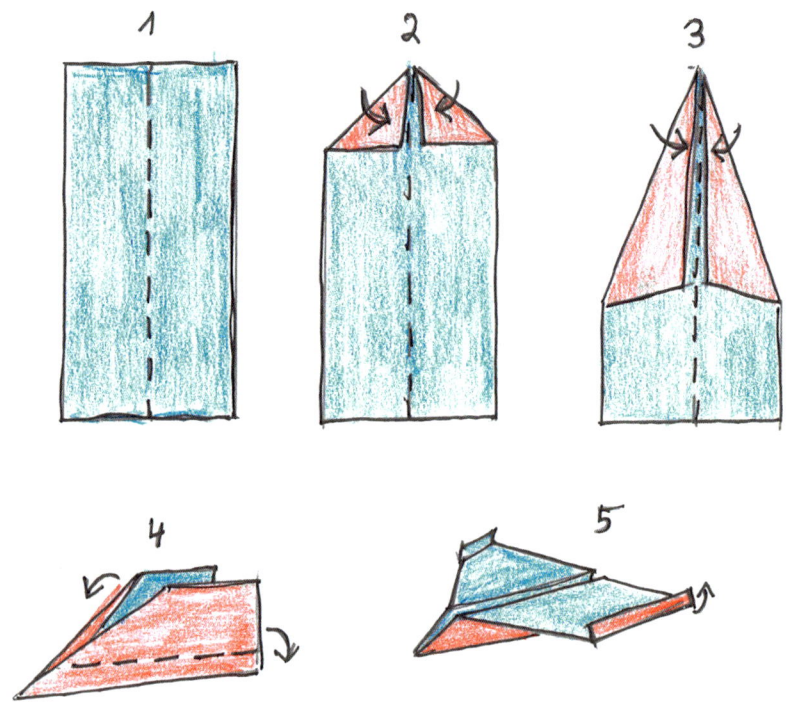

Faltanleitung für einen einfachen Papierflieger

Origami ist die bei uns wohl bekannteste Form des Papierfaltens. Ausgehend von einem meist quadratischen Papier entstehen die Figuren aus einer Folge von Faltungen. Die große Bandbreite der Zielfiguren, von ganz einfach bis hoch komplex, macht das Papierfalten zu einem für ganz unterschiedliche Zielgruppen attraktiven feinmotorischen Erlebnis.

Der Klassiker unter den Origami-Figuren: der Kranich

- Schneidespiele
Viele Schneidespiele entfalten ihre Wirkung in einer Mischung aus Falten und Schneiden, da bei einem gefalteten Blatt der Schnitt mindestens zwei Oberflächen teilt. Die Wirkung vorauszusehen, erfordert und fördert das räumliche Vorstellungsver-

Können wir uns vorstellen, wie das wieder aufgeklappte Blatt aussieht?

mögen. Was passiert, wenn ich an der Kante eines zweimal gefalteten Papierbogens ein Dreieck ausschneide?

Kann man durch ein Blatt Papier gehen?
Ja, und das ist gar nicht so schwer: Wir falten ein DIN A4-Blatt in der Mitte der kurzen Seite und schneiden, wie im Bild gezeigt, die Faltkante bis auf einen Rand von gut einen Zentimeter ab. Dann schneiden wir Schlitze abwechselnd von beiden Seiten in das Blatt (rechtes Bild). Wenn wir jetzt das Blatt Papier ausbreiten, können wir bequem hindurch steigen.

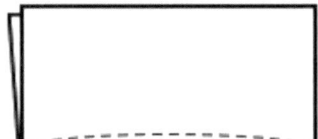 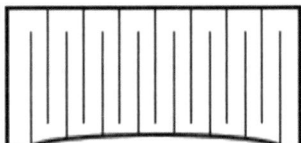

Wir sind mit solchen Schneidespielen schon unmittelbar im Bereich der Mathematik, genauer gesagt in der Geometrie. Weiterführende und mit unzähligen Praxisanregungen ausgestattete Literatur gibt es hier reichlich, z. B. Beutelspacher, Wagner (2008); Herget, Richter *(did.mathematik.uni-halle.de/lehrerseite/**geometrie_zum_anfassen.pdf**)*.

Viele werden sich noch an das Faltspiel „Himmel und Hölle" erinnern, das den Vorteil hat, dass man sich damit das eigene Spielgerät bastelt (siehe Abbildung S. 117, oben).

Mathematisch gesehen handelt es sich um die Kombination von Quadraten und (gleichschenklig-rechtwinkligen) Dreiecken. Eine gut verständliche Anleitung zum Bau dieser Figur findet sich im Internet: http://www.mathematische-basteleien.de/himmel_und_hoelle.htm

- Handschattenspiel
Auch das Handschattenspiel ist ein traditionsreiches Kinderspiel, bei dem die Hände in geschickter Zusammenstellung relativ nah vor der Wand einen Schatten werfen, der aussieht wie ...

Variation: Es können vielfältige Gegenstände zwischen einer Lichtquelle (Sonne, Lampen ...) und der Wand für eine Schattenwirkung genutzt werden. Hier kann man sehr schön experimentieren, z. B. mit der Entfernung der Gegenstände von der Wand, die Einfluss auf die Größenverhältnisse hat.
Auf diese Weise können auch schöne Umrisszeichnungen entworfen und dann künstlerisch ausgeschmückt, verfremdet oder real genutzt werden.

6.1.5 Raum-Lage-Beziehung

Ein gutes Raum-Lage-Verständnis erleichtert das Vorstellungsvermögen von Gegenständen, Räumen oder Mengen ungemein. Und alles fängt damit an, dass ein sicheres Gefühl dafür ausgebildet wird, wo der Ausgangspunkt der Vorstellung ist.

- Balanceaufgaben (S. 27)
    - Wattekreis
    - Kraftkreis
    - kleine Kämpfchen
    - Gruppenakrobatik
    - Schaufensterpuppen

- La-Ola-Murmelbahn (S. 38)

- Bamboleo (S. 58)

- Waagebalken: Eine längere Baubohle wird etwa mittig über ein Rundholz gelegt. Jetzt versuchen die TN in unterschiedlichen Kombinationen und Positionen Gleichgewichte herzustellen (siehe auch S. 73, Waagebalkenversuch).

- Silhouetten: Mit Seilchen werden die Körperumrisse einer in beliebiger Körperposition auf dem Boden liegenden TNin nachgelegt. Nach einem anschließenden Positionswechsel versuchen sich die anderen TN, passend in die Silhouetten hineinzulegen ...

- Reisebeschreibung:
Wie muss der Raum beschaffen sein, damit folgende Aufgaben lösbar sind? Nehmen wir z. B. eine Weichbodenmatte, einen Tisch einen Stuhl, einen Luftballon ... Die TN laufen in verschiedenen Geschwindigkeiten und Richtungen (vorwärts, rückwärts, seitwärts)

- Positionen erkennen (siehe Abbildung S. 120): Die TN teilen sich in zwei Gruppen (bei größeren TN Zahlen entsprechend mehr). Die eine Hälfte stellt (setzt, legt ...) sich in einer beliebigen Körperhaltung zu einer kompakten Gruppe zusammen und wird dann mit einem Tuch (Fallschirm etc.) vollständig abgedeckt. Jetzt soll die zweite Gruppe die Körperstellungen erfühlen und sich dann genauso po-

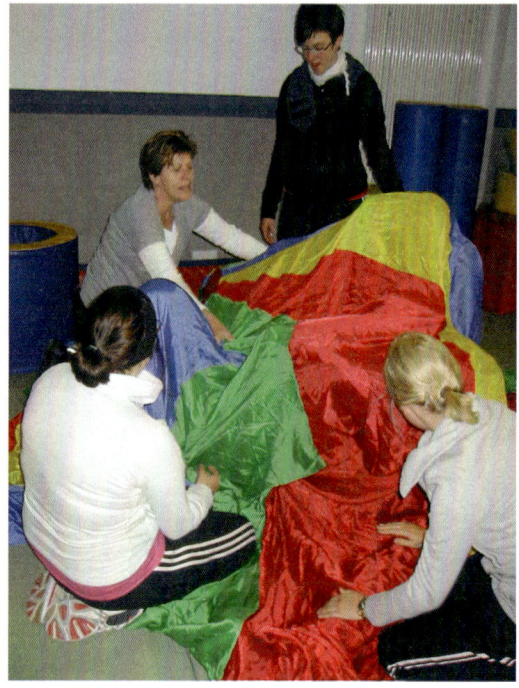
Positionen erkennen

sitionieren. Nach der Entfernung des Tuches werden die Gruppen verglichen.

- im Raum
- durch den Raum
- um den Raum herum
- über den Raum drüber
- unter dem Raum durch …
- alle denkbaren Präpositionen können ausprobiert werden. Dann wird der „Raum" gewechselt: Ein Gruppenraum/Klassenzimmer; Fußball, Gebäude, Schuhkarton …

Jetzt werden die unterschiedlichsten Gegenstände/Raumelemente (s. o.) im Raum verteilt und alle TN entwerfen eine individuelle Reiseroute, die schriftlich auf einer Arbeitskarte notiert wird. Anschließend werden diese unterschiedlichen Reiserouten von allen TN durchlaufen.

6.1.6 Gedächtnisleistung

- Die Künstlerin und ihr Werk (S. 75)

- Kartenlauf-/-variationen
  Entsprechend den Farben eines Skat-Spieles bilden sich 4 Gruppen. Die gewünschte Kartenreihenfolge wird geklärt. Dann werden die Karten vom Spielleiter in einer gewissen Entfernung (10 – 20 m) unterschiedlich ausgelegt. Die 4 Gruppen bekommen jetzt die Aufgabe, „ihre" Kartenfarbe nach unterschiedlichen Kriterien und unterschiedlichen Reihenfolgen zurück zu holen:

  - Karten liegen offen, aber wild durcheinander: die TN laufen der Reihe nach und suchen eine Karte entsprechend ihrer zugeordneten Farbe sowie der vereinbarten Reihenfolge– die passende wird mitgenommen und vor der Gruppe in der richtigen Reihenfolge ausgelegt.

  - Karten liegen umgedreht in 4 Kreisen der zugeordneten Farbe: Die TN dürfen der Reihe nach unter eine Karte schauen, die „falschen" Karten werden wieder umgedreht hingelegt – die passende wird mitgenommen und vor der Gruppe in der richtigen Reihenfolge ausgelegt.

  - Memory: Umgedreht in fester Ordnung: in drei Reihen liegen 3, 3 und 2 Karten: Die TN laufen, dürfen unter eine Karte schauen. Ist es die „richtige", nehmen sie sie mit. Ist es die falsche, legen sie sie wieder umgedreht hin und laufen zurück zur Gruppe, der sie aber sagen sollen, an welcher Stelle sie eine bestimmte Karte gesehen haben. Das erleichtert das Auffinden der Karte, wenn sie an der Reihe ist.

Der Kartenlauf im Förderzentrum E. J. Kiphard in Bonn unter anspruchsvollen Geländebedingungen

- Variation: Ähnliche Aufgabenstellungen werden über größere Entfernung verfolgt. Für den Weg werden Fahrzeuge (Roller, Rollbretter, Skatys u. a. m.) genutzt.

- Gebäude erinnern: Zwei 2er-Gruppen erhalten jeweils 10 Bausteine, einen Gymnastikreifen sowie ein Baumwolltuch. Hinter dem Tuch legt eine Gruppe ihre Steine innerhalb des Reifens flach oder 3-dimensional aus. Jetzt wird für eine kurze Zeit das Tuch weggenommen und dann wieder vorgehalten. Die 2. Gruppe stellt nun aus ihrer Erinnerung heraus die eigenen Steine möglichst identisch in ihrem Reifen nach.

Variationen ergeben sich aus
- der Größe der Gruppen,
- mehr oder weniger Gegenständen,
- der Vielfalt der Gegenstände.

6.1.7 Mengenerfassung

- Laufdomino:
Die verfügbare Menge von Dominosteinen (große Schaumstoffdominos sind für dieses Spiel besser geeignet als kleine Holzdominos) wird in der Mitte der Laufstrecke (eine beliebige Entfernung) in zwei Haufen ausgelegt. Zwei Gruppen versuchen, im Lauf einen Dominostein auf der halben Distanz aufzunehmen und am Ende der Strecke abzulegen. Jeder sagt den wartenden Gruppenmitgliedern, welche Zahlenkombination passen würde.

Variationen:

- statt Laufen Rollbrett, Roller etc. fahren,
- es darf auch bei der anderen Gruppe angelegt werden ...

- Die Schatzkiste: In einem Karton befinden sich jeweils die gleiche Anzahl unterschiedlicher Gegenstände. Eine als Piktogramm oder Ziffer vorgegebene Zahl von gleichen Gegenständen wird aus der Kiste gesucht und (hier in einen aus roter Wolle hergestellten Kreis) zusammengestellt.

Variationen:

- wie zuvor, aber nach der Sichtung der Zahl werden die Gegenstände mit geschlossenen Augen herausgesucht.
- Die Ziffern/Piktogramme sind aus Sandpapier geschnitten und auf Karten geklebt. Sie werden blind erfühlt und nachgelegt.

6.1.8 Zahlverständnis

Was steckt hinter der Zahl? Ist 7 viel? Was kostet der Einkauf im Spielladen? Wenn schon erste Ziffern als Wortbegriffe vorhanden sind, gilt es nun, sie mit Vorstellungen zu unterlegen. Die Vorstellung von der mit der Zahl erfassten Menge ist ein wesentlicher Bestandteil einer späteren Sicherheit im Umgang mit Zahlen.

- Atomspiel/-variationen (S. 42)

- Wahrnehmungsaufgaben im Zehner-Raum: Auf Bildkarten werden Zahlenwerte (hier die Ziffern 1–10) mit möglichst vielen, unterschiedlichen Wahrnehmungsaufgaben verknüpft. Die TN laufen einen Parcours ab, der von diesen Aufgabenkarten unterbrochen und nach Erledigung der Aufgabe weiterbeschritten wird.

Hier einige Beispiele:

11. Döschen sortieren

Schüttle die Döschen. Vermute welche Anzahl sich darin befindet und sortiere von der kleinsten bis zur größten Anzahl.

3. Zahlen finden

Dein Partner nennt dir eine Zahl zwischen 1 und 9. Suche die Zahl mit geschlossenen Augen in der Sandkiste und zeige sie deinem Partner.

16. Zahlen tropfen

Fülle eine Anzahl der Löcher mit Wassertropfen.
Zeige das Holzbrett kurz deinem Partner.
Dein Partner nennt die Anzahl der Wassertropfen
und zieht sie wieder ein.

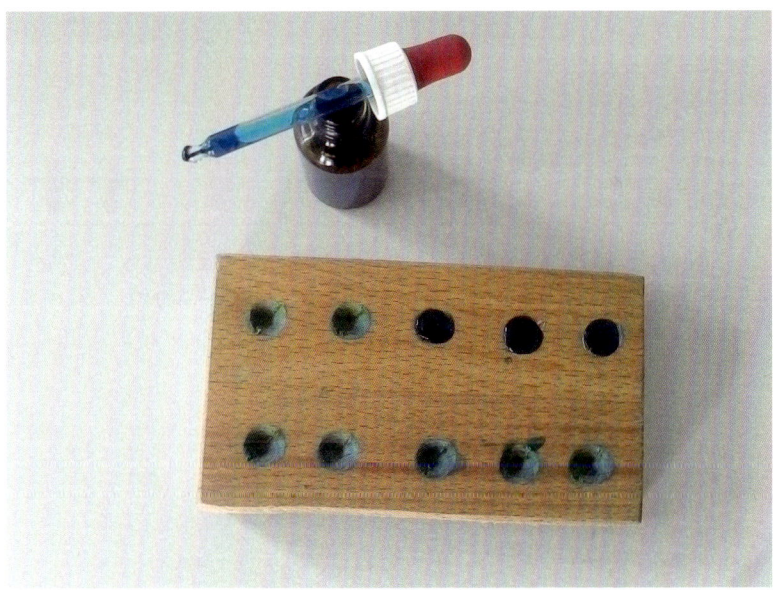

Konzentration beim „Bohnen hören": Das Kind sagt anschließend,
wie viele Bohnen in das Glas fielen.

9. Bohnen hören

Dein Partner lässt Bohnen in ein Glas fallen.
Du zählst sie ohne hinzusehen.

6.1.9 Schreiben und Lesen von Ziffern

- Wahrnehmungsaufgaben als Schreib- und Leseanlässe
  - Ziffern fühlen: Mit unterschiedlichen Materialien (Seilchen, Gymnastikstäben, Zollstöcken, Streichhölzern usw.) werden Ziffern ausgelegt, die dann von einem Partner/einer Partnerin „blind" erfühlt und benannt werden.
  - Ziffern in die Luft malen: Die Gruppe steht im Kreis. Ein TN nimmt einen relativ schweren Stein und malt damit eine Ziffer in die Luft. Wer erkennt die Ziffer? Der Stein wird zur Nachbarin weitergereicht ...
  - Ziffern auf den Rücken schreiben: TN schreiben sich paarweise im Wechsel Ziffern auf den Rücken, die sie zu erkennen und benennen versuchen.

6.1.10 Fein- und Grobmotorik

Eine Reihe von eher feinmotorischen Förderbeispielen (z. B. Schneide- und Faltspiele) wurde bereits dargestellt. Auch wenn dies sicher ein wesentlicher Entwicklungsbereich ist, steht er in der Priorität hinten an. Zum einen ist dies der eher traditionelle und bereits vielfältig ausgebildete Förderansatz. Zum anderen aber spezifiziert sich die feinmotorische Fähigkeit aus der grobmotorischen Bewegungserfahrung. Auch angesichts der oben angesprochenen Veränderung von Kindheitserfahrungen, die eben weit weniger bewegungsintensiv sind, muss der grobmotorischen Erfahrung besonders viel Raum gegeben werden. Dies gilt nicht nur zur Vorbereitung, sondern auch immer wieder für die Begleitung von Lernprozessen.

- Bewegungsinseln als sensomotorische Erfahrungsräume, insbesondere mit den archaischen Bewegungsgrundformen (vgl. Kap 2.1.3)
  - Beschleunigung (z. B. Rollbrett)
  - Drehung (z. B. Varussell)
  - Schwingung (z. B. Schaukel, Hängematte)

Sie eignen sich sowohl für körperliche Ausgleichfunktionen zwischen den Lernphasen als auch für die Unterstützung im Lernprozess selbst: Mit den motorischen Stationen werden Aufgaben verknüpft, die von unterschiedlichem Material (Zahlenwürfel, Ziffernkarten, Ordnungen etc.) ausgehen.

Den Spaß an der Beschleunigung erleben: Mit dem Surfbrett über die Schmierseifenrutsche rasen.

6.2 Fördermaßnahmen: Schulische Kompetenzbereiche

Auch im konkreten Bezug auf die in der Schule geforderten fünf Kompetenzbereiche (Curriculum NRW) und Bildungsstandards (Karakaya, Ullmann 2008) lassen sich viele Förderbeispiele mit psychomotorischer Ausrichtung finden, denn prinzipiell kann in jede Wahrnehmungsaufgabe auch ein spezifischer Inhalt eingewoben werden. Demzufolge lassen sich auch eine Reihe der zuvor genannten Praxisbeispiele auf schulische Kompetenzbereiche beziehen. Gleichwohl seien hier noch einige Fördervorschläge mit unmittelbarem Bezug ausgeführt.

6.2.1 Raum und Form

- Vom Körperraum zum Zahlenraum:
  Die TN gehen partnerweise zusammen, eine TN malt der anderen TN eine Zeichnung (Muster, Schrift, einfache Bilder …) auf
  - den Rücken: das Gemalte wird erkannt und benannt
  - den Rücken: das Gemalte wird erkannt, aber nicht benannt, sondern als Silhouette so groß wie möglich in den Raum gelaufen.

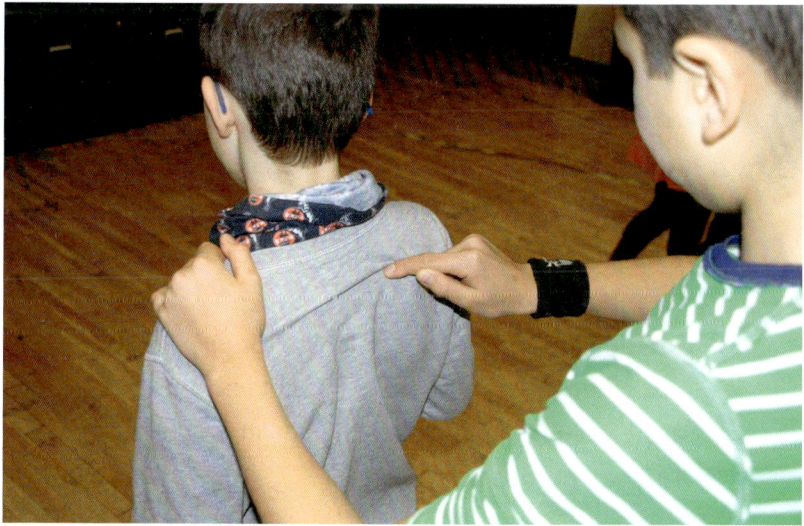

- die Hand (verkleinerte Fläche), dito
- ein Papier. Die Zeichnung wird dann auf den Boden gelaufen, wobei die Zeichnung entweder als Stütze mitgenommen wird, oder aber studiert und dann aus dem Gedächtnis gelaufen wird.
- den Boden (und zwar durch das Ablaufen der gewünschten Vorlage in den Raum); die Partnerin protokolliert die Bewegung (auf Papier oder auch visuell erinnernd) und kann dann ggfs. die Zeichnung benennen.

■ Gummigeometrie:
Größere Gruppen (ca. 7 TN) formen die Kanten geometrischer Formen (Grafische Vorlagen, Benennung vom Spielleiter u. a. m.) mit Hilfe eines langen Gummibandes in den Raum. Die Formen beginnen mit 2-dimensionalen Flächen am Boden, dann in der Luft ... und werden zunehmend komplexer. So könnte ein Aufgabenblatt für eine Gruppe aussehen (siehe Abbildungen unten und S. 133).

Stellt mit eurem Material eine geometrische Form dar:

1. 2-dimensional:
Dreieck, Viereck, Rechteck, Kreis, Trapez, Achteck...

    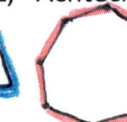

2. 3-dimensional:
Quader, Kugel, Tetraeder, Kegel, Zylinder...

3. 4-dimensional: (Formen in Bewegung):
- aus einem Zylinder wird ein Kegel und zurück...
- aus einer Pyramide wird ein Würfel und zurück...
- eigene Kompositionen

Für komplexere (vielleicht bis dahin auch unbekannte) Formen können Zeichnungen an die Hand gegeben werden, die dann mit dem Gummiband in den Raum übertragen werden.

Auch gut geeignet sind magnetische Bausätze (z. B. Geomag), mit deren Hilfe die Grundkörper kleinräumiger und anschaulich hergestellt und dann mit den Gummibändern großräumig nachgeformt werden.

- Formbaukästen: Es gibt im Fachhandel eine Reihe von verschiedenen Baukästen, die auch mehrdimensionale Wahrnehmung von Formen thematisieren. Solche Kästen lassen sich (mit etwas Mühe) auch selbst bauen.

  - Weidenbretter
    Dieser von dem Sonderpädagogen Wolfgang Weiden entwickelte Baukasten gibt in einem System von unterschiedlich großen Vorlagen Zusammenstellungen von Formen optisch vor, die dann

von den TN mit entsprechenden Holzformen nachgelegt werden können. Entsprechend den individuellen Fähigkeiten des Spielers gibt es drei Spiel- und Therapievorlagen unterschiedlicher Größe und damit unterschiedlichen Schwierigkeitsgrades. Die Aufgabe des Spielers besteht darin, entsprechend der gemalten Bildvorlage die notwendigen Formsteine in das Arbeitsbrett einzufügen. Zur Überprüfung der richtigen Lösung kann der Spieler das jeweilige Foto auf der Rückseite benutzen. Nicht nur in der Größe der Vorlagenbretter sondern auch in den verwendeten Holzformen mit unterschiedlichen Höhen (erhabene und abgesenkte Bauteile) liegt eine große Variationsbreite begründet.

- Schattenbaukasten
  Bei diesem Kasten wird ein dreidimensionaler Raum mit Hilfe eines Bodens, einer Rück- und einer (linken) Seitenwand aufgebaut. Daran werden mit Klammern karierte Papierblätter befestigt, auf denen der Schatten von Bauklötzen jeweils aus verschiedenen Perspektiven aufgezeichnet (dunkel eingefärbt) wird: Am Boden aus der Vogelperspektive, an der Rückwand von vorne und an der linken Seitenwand von rechts. Hell ins Fenster scheinendes Sonnenlicht oder eine Leuchte (z. B. Overheadprojektor) kann mit realem Schattenwurf sehr hilfreich sein.

Solche Kästen gibt es natürlich fertig im Lehrmittelhandel zu kaufen. Aber auch das Erstellen der beliebig variierbaren und unterschiedlich komplexen Vorlagen ist ein interessantes und lehrreiches Projekt.

- Tangram:
  Bei diesem alten, schon vor Christi Geburt, in China entwickelten Legespiel, entstehen die Figuren aus einer Kombination von einfachen geometrischen Formen, die durch das Zerschneiden eines Quadrates entstanden sind.

Zum Spiel gehören deshalb zwei große Dreiecke, ein mittelgroßes Dreieck, zwei kleine Dreiecke, ein Quadrat und ein Parallelogramm. Es gibt unzählige und im Schwierigkeitsgrad differenzierte Vorlagen, die als kompakte Schattengestalt den Spieler/die Spielerin dazu auffordern, die entsprechende Anordnung der Einzelformen herauszufinden.

6.2.2 Muster und Strukturen

- Seilschaften: Die TN gehen partnerweise zusammen. Eine TN legt für die andere eine Form aus, die diese mit dem eigenen Seil nachbildet.

Variationen:

- Die Seilchen werden versteckt (der Partner wendet sich ab) ausgelegt,
- Das vom Partner ausgelegte Seilchen wird mit geschlossenen Augen ertastet und ebenso „blind" nachgelegt,

- bestimmte Formen werden vorgegeben (z. B. Ziffern, Buchstaben),
- das Seilchen wird mit den Füßen ertastet (dafür sollte die Unterlage rutschfest sein) und dann ausgelegt.

■ Muster merken: 2 Gruppen haben eine bestimmte Anzahl von unterschiedlichen Gegenständen, die zunächst von einer Gruppe hinter einem Tuch in einem Muster zusammengestellt werden. Wenn das Tuch für 20 sec. fortgenommen wird, soll sich die andere Gruppe das vorgegebene Muster merken und, nachdem das Tuch wieder hochgenommen wird, mit den eigenen Gegenständen nachlegen. Im Anschluss Gruppenwechsel.

Variation:

- Einige TN der Gruppe beteiligen sich in Form eines Standbildes ...

- Variationen: Anfangs oder bei jüngeren Kindern reicht es erst einmal, das vorgegebene Muster ohne Sichtversperrung nachzulegen. Durch die Zahl und Unterschiedlichkeit der genutzten Gegenstände wird die Schwierigkeit der Aufgabe herauf- oder herabgesetzt.

- Murmelmuster: Auf einem Kuhlenbrett (oder auch in einer leeren Pralinenschachtel) werden mit bunten Murmeln Muster ausgelegt. Die Muster können vorgegeben oder auch selbst entwickelt werden. Die Palette der Möglichkeiten reicht von reinen Farbarrangements bis hin zu geometrischen Formen und deren Veränderung. Je nach TN können sie auch kurz gezeigt und dann aus der Erinnerung nachgelegt werden (siehe Abbildung S. 140 oben).

- Bildbeschreibung: Die TN bilden 5-er Gruppen. Jede Gruppe erhält eine Bildvorlage (Grafik, Zeichnung, Foto …). Eine TN beschreibt, was sie auf dem für alle anderen verdeckt gehaltenen Bild sieht. Die übrigen TN versuchen, das Gehörte auf einem Block nachzu-

Murmelmuster

Diese Aquarelldarstellung der Jugendherberge Rosbach eignet sich aufgrund ihrer Mischung aus Konkretheit und Abstraktion für die Aufgabe „Bildbeschreibung".

zeichnen. Zum Schluss können die Bilder miteinander und/oder mit der Vorlage verglichen werden.

- Kreisdomino:
Aus einem Haufen von Dominosteinen (große Schaumstoffdominos [s. o.]) legen die TN nacheinander Steine zu einem Kreis aus. Zum Schluss sollen die Steine zusammen passen.

6.2.3 Größen und Maße

- Ordnungsaufgaben (S. 17)

- Entfernung schätzen: Die TN bilden 5-er Gruppen. Jede Gruppe bekommt ein Stoffsäckchen etc. Die TN legen ein Körpermaß fest (Fußlänge, Fingerbreite, Körperlänge, Unterarmlänge (Elle) ... Dann wirft ein TN das Säckchen weg (Entfernung je nach Raumgröße). Alle schätzen dann, wie oft das vereinbarte Maß bis zum Säckchen wiederholt werden muss. Anschließend wird in eigener Bewegung abgemessen (siehe Abbildung S. 142).

- Der Zaubertrunk: Dies ist ein Beispiel für Umfüllversuche, mit denen die Einschätzung von Hohlmaßen und Rauminhalten in ihrer Ordnungsrelation (> = <) verifiziert wird (siehe Abbildungen S. 143).

Die Zauberin hat den Zauberspruch vergessen, der ihr half, die Menge und Reihenfolge der Essenzen zu erinnern. Sie weiß aber noch, welche Gefäße verwendet wurden, dass vom Fliegensaft am meisten und vom Spinnensud am wenigsten dazukam. Ihrer Erinnerung nach war da auch noch mehr Asseltrank als Mäusemilch und dann gab es noch die mittlere Menge vom Froschwasser. Jetzt hofft die Zauberin, den Zaubertrunk wieder herstellen zu können, wenn sie rauskriegt, in welches Gefäß am meisten, am zweitmeisten ... und am wenigsten hineinpasst[18]. Aber wie macht sie das?

Variation: Die Zahl und der Größenunterschied der Gefäße verringert bzw. erhöht den Schwierigkeitsgrad.

---

18 In etwa mit dieser Rahmengeschichte entwickelte die Bonner Schulleiterin Barbara Maudet eine komplette Unterrichtsreihe über die Größenbereiche von Rauminhalten mit Liter und Milliliterskalen für eine jahrgangsübergreifende Klasse 2/4

- Schätzen und messen mit dem Zollstock: Die TN erhalten paarweise einen Zollstock (oder ein Maßband). Sie stellen sich eine Aufgabe, deren Ergebnis zunächst geschätzt und dann mit dem Zollstock nachgemessen werden kann:
  - Wie groß bist du?
  - Wie lang ist dein Schritt?
  - Wie weit ist etwas von uns entfernt? Weitere Fragen werden erfunden ...

Variationen:

- Ein TN legt beide Finger auf einen Zollstock, sodass die Entfernung gemessen werden kann. Jetzt zeigt er die Entfernung in der Luft an, und auch dort wird gemessen. Ist die Entfernung gleich geblieben?

- Der TN nimmt die Finger nach der ersten Messung mit geschlossenen Augen in die Luft, beschreibt mit beiden Armen einen Kreis und legt sie wieder im Anfangsabstand auf dem Zollstock ab. Wie groß ist der Unterschied?

6.2.4 Daten, Häufigkeiten und Wahrscheinlichkeiten

- Schnick-Schnack-Schnuck (S. 63)

- Würfelstaffel:
  Die TN bilden 3er-Gruppen: Verschiedene Würfelkombinationen werden zuerst abgeschätzt, dann ausprobiert, z. B.:

  - Die Gruppen dürfen bei geraden Zahlen entsprechend viele Schritte nach vorne machen, bei ungeraden nach hinten. Stehen sie nach zehn Würfen vor der Startlinie oder dahinter?
  - Die Gruppen dürfen unabhängig davon, ob die Ziffer gerade oder ungerade ist, beim ersten Wurf entsprechend viele Schritte nach vorne gehen, beim zweiten nach hinten usw. Stehen sie nach 10 Würfen vor der Startlinie oder dahinter?

  Weitere Fragestellungen werden selbst entworfen und ausprobiert.

- Fitnessstationen:
  Beliebige altersentsprechende Bewegungsaufgaben werden in einem Stationsbetrieb zusammengestellt. Hierbei liegt der Schwerpunkt neben der Bewegung selbst auf der statistischen Erfassung von Ergebnissen und ihrer Auswertung. Das Ziel der Statistik ist nicht, den/die beste(n) TN zu ermitteln, sondern individuelle Trainingspläne zu erstellen, die dann wieder in Bewegungsaktivitäten münden.

- Balancespiel: „Saturn"
  Das Balancespiel „Saturn" ist im Prinzip dem bereits beschriebenen Spiel Bamboleo ähnlich, allerdings wesentlich komplexer, da hier

drei Bewegungsebenen (Ringe) miteinander in Verbindung stehen und Einfluss aufeinander haben:

Jeder TN bekommt eine bestimmte Anzahl an Holzmurmeln in drei unterschiedlichen Größen. Der Reihe nach versuchen die TN eine Murmel in die Kuhlen eines der drei Ringe abzulegen, und zwar so, dass kein Ring dauerhaft den Boden berührt. Gelingt ihm/ihr das nicht, muss er/sie die Murmel zurücknehmen und der nächste TN kommt an die Reihe ... Wer hat als erste(r) keine Kugeln mehr?
Mit diesem Spiel lassen sich ganz unterschiedliche Aufgabenstellungen kombinieren, die auch Kompetenzbereiche wie Wahrscheinlichkeitsberechnung spielerisch fordern:

- Jeder Kugel wird nach ihrem Durchmesser ein Zahlenwert zugewiesen, z. B. kleinen Kugeln 1 Punkt, mittleren Kugeln 2 Punkte, großen Kugeln 3 Punkte. Die dickeren Kugeln sind „gefährlicher" als die dünneren, bringen aber mehr Punkte. Wie kann ich die meisten Punkte sammeln?

- Jedem Ring wird nach seinem Durchmesser ein Zahlenwert zugewiesen, z. B. entsprechend der Kugelwertung, denn auch hier ist der größere Durchmesser mit größerem Risiko verbunden. Die Abwägung zwischen dem Risiko und den erreichbaren Punktewerten sorgt für zusätzlichen Reiz.

- Beide Variablen, Kugeln und Ringe, werden durch eine mathematische Kombination verbunden. So könnte eine mittelgroße Kugel auf dem äußeren Ring bedeuten, dass die 2 Punkte für die Kugelgröße mit 3 Punkten für den größeren Durchmesser multipliziert werden. Jetzt lassen sich mit einer geschickt platzierten größeren Kugel bereits 9 Punkte erzielen …

6.2.5 Zahlen, Ordnungen und Operationen

- Turnhallenmathe:
Hier sollen Rechenoperationen in großräumige Bewegung gebracht werden. Deshalb eignet sich die Turnhalle (alternativ kann man das natürlich auch draußen machen).
In der Turnhalle werden jeweils 9 Teppichfliesen (Ziffern 1–9, 11–19 …) und 1 Turnbank (10, 20 …) zu einem Dezimalsystem ausgelegt/aufgestellt, in dem die Räume 1–10, 11–20 usw. aneinandergereiht sind. Zunächst werden die Teppichfliesen mit den entsprechenden Ziffernkarten ausgezeichnet. Diese Ziffern können sich im Verlaufe des Lernprozesses erübrigen und werden entfernt, wenn sie nicht mehr gebraucht werden. Die TN finden sich in Kleingruppen (2–5) zusammen (siehe Abbildung S. 148).

Rechenaufgaben (z. B. Summen) werden je nach Lernstand auf Arbeitsblättern vorgegeben oder selbst entworfen. Hier einige Beispiele:

Ziffern und Zahlen

- Hier könnten sich Kinder vorbereitend in den den Ziffern entsprechenden Gruppen versammeln (zusätzlich zu den Ziffern können Punktdiagramme hilfreich sein).

Turnhallenmathe

- Die Aufgaben werden im entsprechenden Zahlenraum von der 0 auf die 1 beginnend abgelaufen (Variationen: Hüpfen auf einem Bein, beidbeiniges Springen, Balancieren von Stein zu Stein …) und laut mitgesprochen.
- dito rückwärts
- ein Zahlenwert wird vorgegeben, z. B. „hüpf bis zur 7".
- ein Zahlenwert bis 9 wird vorgegeben und dann (barfuß) „blind" erlaufen.
- erst wird gezählt, dann gelaufen.
- Zählen in 2er, 5er-Schritten etc. vorwärts und rückwärts

- Zählen in 3er-Schritten
- Vorläufer- und Verfolgerzahlen können anschaulich thematisiert werden.
- Die Zehnerüberschreitung wird sehr deutlich, da hier jeweils die Turnbank überwunden wird.
- Wenn das Prinzip verstanden ist, dürfen die TN in Form einer Kettenaufgabe vom jeweiligen Ergebnis aus rechnen.
- Für Fortgeschrittene kann die Auszeichnung in 10er, 100er etc. erfolgen, sodass größere Zahlenräume entstehen. Hier kann das Prinzip der Rundung (Auf- und Abrunden von Ergebnissen) gut einbezogen und erfahren werden.

Eine Ergänzung der Teppichfliesen mit einer Reihe von Balancierkugeln oder Gymnastikreifen, die den gleichen Zahlen zugeordnet werden, macht die Aufgabe motorisch interessanter.

Rechenoperationen

- Addition/Subtraktion: Auch hier wird die Rechnung unmittelbar erlaufen. Zunächst werden kleinere angemessene Rechenschritte auf Arbeitskarten vorgegeben. Später erfinden die Kinder selbst eine Aufgabe, halten sie auf einem Papier fest und erlaufen das Ergebnis.
- Die Rechenschritte können zusätzlich mit Seilchen etc. dargestellt werden.
- Die Zehnerüberschreitung wird mit geeigneten Zahlenkombinationen (7 + 5, 12 − 6 usw.) notwendig und mit selbst erfundenen Aufgaben geübt.
- Mehrere Zahlen werden in Form von Kettenaufgaben zu einem Ergebnis zusammengeführt. Dieses Ergebnis kann in unterschiedlichen Reihenfolgen von Zahlen erzielt werden. Über die motorische Erfahrung wird auch ein mathematisches Grundmuster erfahrbar: es gibt oft verschiedene Lösungswege, die zu einem Ergebnis führen.
- Alle Ordnungsrelationen sind über entsprechende Aufgaben zu erfahren.
- Multiplikation/Division kann in diesem Aufbau zunächst mit kleineren Zahlenwerten im Prinzip erfahren werden. Größere Zahlenwerte überschreiten schnell die Aufbaukapazitäten und sind dann kaum noch darstellbar.

Wie es hier weitergehen könnte, haben Müller, Wittmann (1995) mit dem Vorschlag der „Hundertertafel" beschrieben, bei der mit entsprechend vielen Fliesen ein Hunderterraum auf den Hallenboden gelegt wird. Je nach Aufgabenstellungen erlaufen die Kinder die Lösung in einem jetzt größeren Zahlenbereich.

- Kreiselmeister
Auch bei diesem Spiel (Lensing-Conrady 1996) geht es um die Zuordnung von Aufgaben, die ganz unterschiedlichen Inhalt haben können. Ein Balancekreisel wird mit sechs Sektoren versehen, denen beliebige, auf Arbeitskarten festgehaltene Aufgabenbereiche zugeordnet werden können.

Mit Seilchen werden die Sektoren am Boden verlängert, sodass die TN in den einzelnen Sektoren Platz nehmen können. Nun wird der Balancekreisel gedreht. Ähnlich wie beim „Flaschendrehen" werden die Aufgabensektoren des Kreisels (und damit auch die entsprechenden Aufgabenkarten) den mit den Seilchen ausgelegten Bodensektoren zugeordnet. Ein Sektor nach dem anderen erledigt seine Aufgabe und das Spiel geht durch erneutes Drehen des Kreisels weiter.

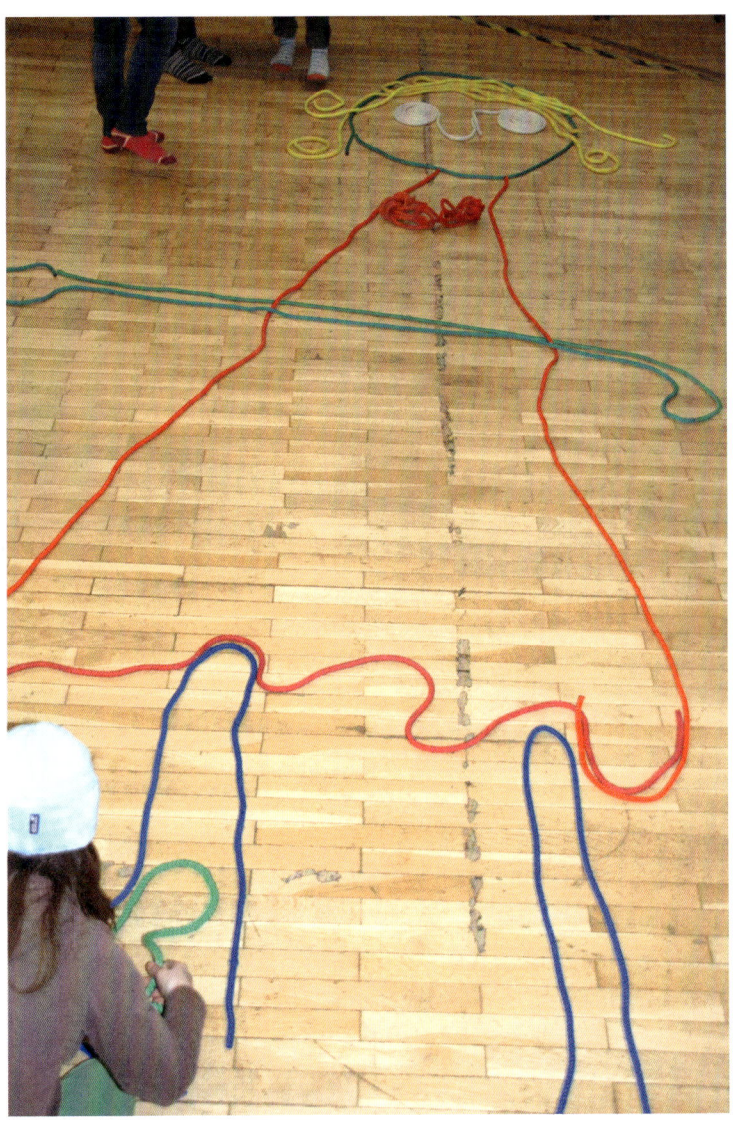

Manche Aufgabenstellung „sprengen" den engen Rahmen des Kreiselmeisterspiels. So sollen z. B. hier alle verfügbaren Seilchen zu einer Riesin im Raum ausgelegt werden.

- Mathefotografie
  Aus dem psychomotorisch vorbereitenden Teil der Praxisvorschläge ist die Aufgabe „Fotograf und Kamera" (S. 98) bereits bekannt. Sie wird jetzt mit Karten für Ziffern einschließlich der Null (Ausgangswerte und Ergebnisse), Rechenoperationen und Ordnungsrelationen/Vergleichszeichen kombiniert, die an der Wand hängen.

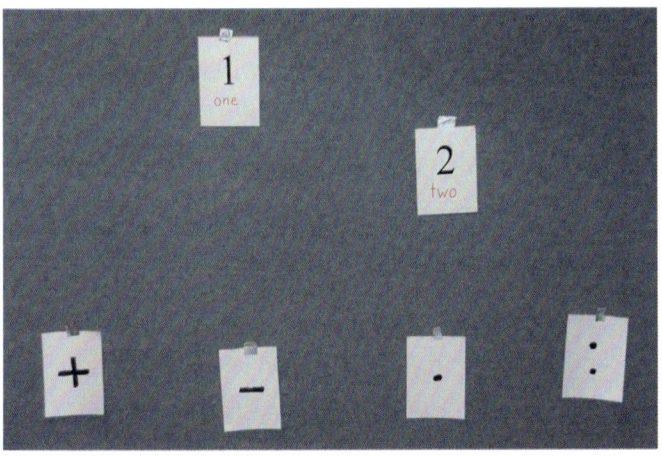

Diese Aufgabe eignet sich zum Beispiel zur Festigung des Kopfrechnens. Aber auch für kompliziertere Operationen ist Handlungsspielraum. Wie immer müssen die ausgewählten Zahlräume und Operationen dem Lernstand der TN entsprechen. Für die simultane Mengenerfassung können auch Piktogramme „fotografiert" werden, für die die „Kamera" anschließend die zutreffende Ziffer sucht. Die TN finden sich partnerweise zusammen. Die Fotografin führt die „Kamera" zu den der gewünschten Rechenaufgaben entsprechenden Ziffern und Zeichen.

Hinweis: Damit die jeweilige Aufgabe auch wirklich klar wird, sollte „die Kamera" immer genau ausgerichtet werden.

- Die „Kamera" merkt sich die Aufgabe und wird zu einem Ergebnis (das die Fotografin vorher aussucht) geführt, das sie erst sagt und dann sehend verifiziert.
- Mehrstellige Zahlen erkennt die „Kamera" daran, dass sie ohne Operationszeichen nacheinander fotografiert wurden.

- Die Aufgabe kann vielfältig variiert werden. Z. B. kann die „Kamera" die Vergleichszeichen mit sich führen und so das Ergebnis einordnen.
- Ein Spielleiter gibt eine Ergebniszahl vor, die jetzt von der Fotografin durch geeignete Kombinationen von zu fotografierenden Zahlen und Rechenoperationen erreicht wird. Wird z. B. 81 vorgegeben, kann die Lösung ebenso 8 × 10 + 1 betragen wie 9 × 9 oder 6 × 10 + 3 × 7 etc.

■ Dosenwerfen[19]
10 Dosen werden im 4-3-2-1 System übereinandergestellt. Die TN werfen aus einer bestimmten Entfernung in 1–3 Durchgängen Dosen ab.

- Sie stellen die erworfenen Dosen auf ein Zählbrett (Tapetenrolle mit aufgemalten Positionen/Ziffern). Die Position wird farbig festgehalten und die Dosen werden für einen zweiten Wurfdurchgang wieder aufgestellt. Mit den beiden Wurfergebnissen kann weitergerechnet werden.

Wenn genügend Dosen zur Verfügung stehen, ist es eine zusätzliche Hilfe, die geworfenen Dosen gesondert zusammenzustellen, damit die Ergebnisse sichtbar bleiben.

- Die TN schreiben die erworfenen Zahlenwerte auf ein Papier und verwenden sie für die vereinbarten Rechenoperationen.

■ Pfeilwurf
Eine Dartscheibe wird in Sektoren eingeteilt, die entsprechend dem Stand der TN mit unterschiedlichen Aufgabenstellungen (z. B. Rechenarten, Zahlenwerte ...) belegt sind. Die TN „erdarten" sich ihre Aufgabe, die sie dann erledigen.

---

[19] Reinicke (2007) hat in seinen Ausführungen zur „Motomathe" eine ganze Reihe klassischer Spiele wie Dosenwerfen, Pfeilwurf, Mikado oder Kegeln mit entsprechenden Aufgaben versehen in den Dienst des Mathematikunterrichts gestellt.

Raum für zusätzliche eigene Förderideen:

7. Perspektiven

Ziel dieser Ausführungen war es nicht, eine neue Didaktik der Mathematik zu entwerfen, sondern darauf hinzuweisen, dass mathematisches Denken auf den Grundlagen einer allgemeinen Kindheitsentwicklung beruht, die leider oft nicht umfänglich genug stattfindet. Daher wurde versucht, eine das mathematische Verständnis begründende Förderung zu beschreiben und mit Beispielen zu belegen.

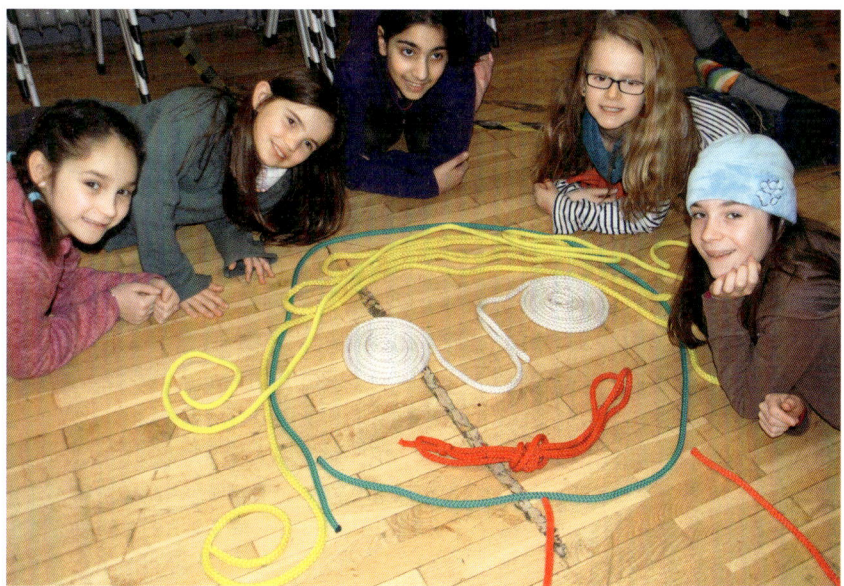

Es sind frühe räumliche Vorstellungen, die einen großen Einfluss auf den Erwerb mathematischer Kompetenzen haben, wie aktuelle Forschungen belegen. So beschreiben Link et al. (2014) anhand der „Zahlenstrahlschätzaufgabe"[20], dass „für die Schätzgenauigkeit in der Zahlenstrahlaufgabe ein positiver Zusammenhang mit gegenwärtigen und zukünftigen arithmetischen Leistungen" (S. 259) besteht.

---

20 Bei der Zahlenstrahlschätzaufgabe soll die Position einer Zahl (z. B. „37" auf einem leeren Zahlenstrahl, dessen Endpunkte feststehen (z. B. 0 und 100), bestimmt werden. Das Kind braucht dafür eine räumliche Vorstellung vom Ganzen, in das das Einzelne eingeordnet werden kann.

Viele Forschungsberichte verweisen vor allem darauf, dass eine Förderung mathematischen Denkens mit sehr grundlegenden „basisnumerischen Repräsentationen" beginnen muss, auf denen komplexere Denkmodelle erst aufbauen, und dass solche Repräsentationen wie Zahlengrößen dann zuverlässig abrufbar werden, wenn sie „verkörperlicht"[21] sind. „Die Ergebnisse (aktueller Forschungen zum Wissenserwerb (der Verf.)) sind damit besonders in praktischer Hinsicht relevant, weil daraus individuelle und allgemeine Fördermöglichkeiten abgeleitet werden können, die erfolgreiches Lernen als Ergebnis im wahrsten Sinne (körperlich) aktiver Auseinandersetzung mit dem Lerninhalt ermöglichen. Bereits nach einer relativ kurzen Trainingsdauer mit nur wenigen Einheiten konnten bei normal begabten Kindern bedeutsame Lerneffekte nach einem räumlich-körperlichen Training beobachtet werden." (ebd. S. 274)

Bewegung in einer anregungsreichen Umgebung ist also nicht nur notwendige Bedingung zur Erfahrung des Körperraums, sondern auch Grundlage und effektive Begleiterin für jede weitere Entwicklung. Auch der geniale Geist des schwerbehinderten Stephen Hawking begründet sich auf einer gesunden, erfahrungsreichen und bewegten Kindheit.

Bewegung braucht Raum und Beweggründe. Was Spaß macht, fällt leicht. Lernerfolg motiviert ebenso wie die Relevanz der Lerngegenstände. Der „Sog der Sachen", wie Reinhard Kahl (2008) eine anregungsreiche Umgebung in seinem Film „Kinder" treffend beschreibt, trifft auf potentielle Lerngenies. Wenn die „Sache" unmittelbar zugänglich, sinnhaft, angemessen und attraktiv ist, und eine als sicher und vertraut wahr genommene soziale Umgebung den Rücken stärkt, entsteht der Raum und die Motivation für entdeckendes Lernen, Interesse und Neugier wie von selbst. Dann ist „Mathematik für alle" keine Utopie.

---

21 „Die Theorie der embodied cognition (verkörperlichte Kognition) besagt im allgemeinen, dass konzeptuelle bzw. abstrakte Repräsentationen (wie z. B. Zahlengröße) in körperlich-sensorischen Erfahrungen des Körpers und seiner Interaktion mit der Umwelt verankert sind und damit nicht amodal im Sinne von losgelöst von körperlich-sensorischen Prozessen gespeichert werden." (Link et al. 2014, S. 260)

Literatur

Ansari, Salman (2013): Rettet die Neugier! Gegen die Akademisierung der Kindheit. Frankfurt: Fischer-Krüger

Antonovsky, Aaron (1997): Salutogenese. Zur Entmystifizierung der Gesundheit. Erweiterte deutsche Ausgabe. Tübingen: DGVT-Verlag

Balint, Michael (1960): Angstlust und Regression. Cotta: Stuttgart

Ballreich, Uwe; Grabowiecki, Udo von (1992): Zirkuskünste. Lichtenau: AOL

Beins, Hans Jürgen; Cox, Simone (2001): Die spielen ja nur! Psychomotorik in der Kindergartenpraxis. Dortmund: borgmann publishing

Beins, Hans Jürgen (2003): Kinder lernen in Bewegung. (Buch mit Videofilm) Dortmund: *BORGMANN MEDIA*

Beins, Hans Jürgen; Klee, Thomas (2014): Bauen ist lustvolles Lernen! Wie Kinder spielerisch Balance finden. Dortmund: *BORGMANN MEDIA*

Beudels, Wolfgang; Beins, Hans Jürgen; Lensing-Conrady, Rudolf (^{8}2001): „... das ist für mich ein Kinderspiel – Handbuch zur psychomotorischen Praxis". Dortmund: borgmann publishing

Beudels, Wolfgang; Anders Wolfgang (^{5}2014): Wo rohe Kräfte sinnvoll walten. Dortmund: borgmann publishing

Beutelspacher, Albrecht, Wagner, Marcus (2008): Wie man durch eine Postkarte steigt. Freiburg: Herder

Beutelspacher, Albrecht (^{5}2009): „In Mathe war ich immer schlecht" Wiesbaden: Vieweg und Teubner

Brüning, Christine (2009): *VERA*-Mathematik, Arbeitsheft Grundschule 3. Klasse. Freising: Stark

Brüning, Ludger; Saum, Tobias (2011): Schüleraktivierendes Lehren und Kooperatives Lernen – ein Gesamtkonzept für guten Unterricht. In: GEW (Hrsg.): Frischer Wind in den Köpfen. Bochum (Sonderdruck)

Capra, Fritjof (1991): Wendezeit. Bausteine für ein neues Weltbild. Bern, München, Basel: Scherz

Capra, Fritjof (1996): Lebensnetz. Ein neues Verständnis der lebendigen Welt. Bern, München, Basel: Scherz

Damm, Antje (2013): Ist 7 viel? Frankfurt: Moritz

Ehni, Horst (1982): Kinderwelt-Bewegungswelt. Seelze: Friedrich

Elschenbroich, Donata (2001): Weltwissen der Siebenjährigen. Wie Kinder die Welt entdecken können. München: Kunstmann

Fetz, Friedrich (1987): Sensomotorisches Gleichgewicht im Sport. Österreich. Wien: Bundesverlag

Fischer, S.; Fröhlich-Gildhoff, K. (2013): Kinder stärken, Resilienzförderung in der Kita. Kindergarten heute 3/2013, S. 16 ff. Freiburg: Herder

Hüther, Gerald (2001): Bedienungsanleitung für ein menschliches Gehirn. Göttingen: Vandenhoeck & Ruprecht

Kahl, Reinhard (2008): Kinder! Archiv der Zukunft / Videofilm. Hamburg

Karakaya, Julia; Ullmann, Kerstin (2008): Bildungsstandards Grundschule, Mathematik 4. Klasse. Freising: Stark

Krist, H. (1999): Die Integration intuitiven Wissens beim schulischen Lernen. In: Zeitschrift für pädagogische Psychologie, 13 (4), S. 191–206

Krist, H. (2000): Psychomotorik und kognitive Entwicklung: Neue empirische Befunde und theoretische Zugänge. In: Bericht über den 40. Kongress der Deutschen Gesellschaft für Psychologie in München 1996, München: Hogrefe

Kükelhaus, Hugo; Zur Lippe, Rudolf (1982): Entfaltung der Sinne. Frankfurt: Fischer

Lensing-Conrady, Rudolf (2001): Von der Heilsamkeit des Schwindels – Gleichgewichtswahrnehmungen als Motor für Entwicklung und Lernen. Dortmund: borgmann publishing

Lensing-Conrady, Rudolf (1996): Bewegungshits für alle Kids: Kreiselmeister – ein Bewegungs- und Lernspiel. Lichtenau: AOL

Lensing-Conrady, Rudolf (2007): Intuitiv Lernen – Bedeutung und psychomotorische Förderung intuitiven Wissens im Vorschulalter. In: Hunger, Ina; Zimmer, Renate (Hrsg.): Bewegung – Bildung – Gesundheit. Hofmann: Schorndorf. S. 236 ff.

Lensing-Conrady, Rudolf (2013): Alles im Lot? – Spielerisch in die Balance kommen. Praxis der Psychomotorik 4/2013, S. 217 ff.

Liedloff, Jean (1980): Auf der Suche nach dem verlorenen Glück. München: Beck

Liessmann, Konrad Paul (2006): Theorie der Unbildung. Die Irrtümer der Wissensgesellschaft. Wien: Paul Zsolnay

Link, Tanja et al. (2014): Mathe mit der Matte – Verkörperlichtes Training basisnumerischer Kompetenzen. In: Zeitschrift für Erziehungswissenschaft 2/2014. Berlin: Springer, S. 257–277

Lommer, Svenja (2009): Die Wirkung psychomotorischer Übungen auf Dyskalkulie unter Berücksichtigung von Wahrnehmungsstörungen. Göttingen: Sierke

Louv, Richard (2013): Das letzte Kind im Wald. Freiburg: Herder

Ministerium für Schule und Weiterbildung des Landes NRW (2008): Grundschule – Richtlinien und Lehrpläne. Frechen: Ritterbach

Müller, Erich; Wittmann, Gerhard (1995): Handbuch produktiver Rechenübungen, Band 1 + 2. Stuttgart: Klett

Picon, Daniel; Mallett, Dagmar (2003): Streichholzspiele. Potsdam: Tandem

Radatz, Hendrik; Schipper, Wilhelm; Dröge, Rotraut; Ebeling, Astrid (1996): Handbuch für den Mathematikunterricht 1. Schuljahr. Hannover: Schroedel

Reinecke, Patrick (2007): Motomathe – Lernen an der Königin-Juliana-Schule. In: Beins, H. J. (Hrsg.): Kinder lernen in Bewegung, S. 87 ff. Dortmund: *BORGMANN MEDIA*

Renz-Polster, Herbert (2013): Wie Kinder heute wachsen: Natur als Entwicklungsraum. Ein neuer Blick auf das kindliche Lernen, Denken und Fühlen. Weinheim/Basel: Beltz

Riemann, Fritz (1961): Grundformen der Angst. Eine tiefenpsychologische Studie. München: Reinhardt

Röhr-Sendlmeier, U. (2010): wie Bewegungserfahrungen die Entwicklung fördern – Wirksamkeitsnachweise aus der empirischen Forschung. In: Förderverein Psychomotorik Bonn e.V. : Bewegungsspaß mit Wirkung! Dortmund: *BORGMANN MEDIA*

Rönnau-Böse, M.; Weltzien, D. (2013): Inklusion und Resilienz – besondere Aspekte des Spiels. In: Kindergarten heute, Wissen kompakt spezial: Das Spiel des Kindes. S. 42 ff. Freiburg: Herder

Spiegel, Hartmut; Selter, Christoph (2003): Kinder & Mathematik. Was Erwachsene wissen sollten. Seelze: Klett, Kallmeyer, Friedrich

Spitzer, Manfred (2002): Lernen. Gehirnforschung und die Schule des Lebens. Heidelberg/Berlin: Spektrum Akademischer Verlag

Spitzer, Manfred (2005): Vorsicht Bildschirm! Elektronische Medien, Gehirnentwicklung, Gesundheit und Gesellschaft. Stuttgart: Klett

Zimmer, Renate (2009): Handbuch der Psychomotorik. Freiburg: Herder

Zimmer, Renate (1997): Bewegte Kindheit – über den sozialen Wandel von Kindheit und die Auswirkungen auf das Bewegungs- und Körpererleben. In: Zimmer, Renate (Hrsg): Kongressbericht „Bewegte Kindheit". Schorndorf: Hofmann

Vetter, Martin; Kuhnen, Ulrich; Lensing-Conrady, Rudolf (2004): Bonner Risikostudie, Können gezielte Bewegungsangebote Risikokompetenzen stärken und Unfälle vermeiden? Projektabschlussbericht, Bonn

Vetter, Martin; Kuhnen, Ulrich; Lensing-Conrady, Rudolf (2008): RisKids. Wie Psychomotorik hilft, Risiken zu meistern. Dortmund: borgmann publishing

Vries, Carin de (^{3}2014): Mathematik im Förderschwerpunkt Geistige Entwicklung. Dortmund: verlag modernes lernen

Vries, Carin de (^{2}2013): DiFMaB – Diagnostisches Inventar zur Förderung Mathematischer Basiskompetenzen. Dortmund: verlag modernes lernen

Anhang

Fotonachweis

Beins, Hans Jürgen	Fotos S. 25, 34, 39, 40, 42, 52, 53, 58/1, 75, 76, 88, 99/1, 101, 107, 108, 131, 133, 138, 140, 144, 148, 149, 152, 153, 155, 157
Bläser, Katja	Foto S. 31
Lensing, Conrady Rudolf	Fotos S. 2, 14, 16, 17, 21, 28, 29, 38, 63, 64, 70, 73, 77, 99/2, 103, 105, 110, 111, 112, 115, 117, 120, 122, 123, 124, 126, 127, 134, 135, 136, 139, 146, 151
Lensing, Barbara	Foto S. 129
Pasch, Josef	Titelfoto; Fotos S. 58/2, 87, 117, 119, 128, 141, 142, 143,
Scholl, Conny	Fotos S. 47, 109
Waldkindergarten Waldwichtel, Reutlingen	Fotos S. 80, 91
Kindertagesstätte Mondsteinweg, Bielefeld (Fotogalerie Mondsteinweg.de)	Foto S. 81

Ein besonderer Dank gilt auch den Fotomodellen, allen voran Hank, Johanna, Benny und den Schülern und Schülerinnen der Klasse 1/4 der Marienschule Bonn.

Verzeichnis der Spiele

(Ab)hörskandal /
    Heulrohrvariationen 100
Atomspiel / Variationen 42

Bamboleo / Variationen 58
Bankwippe 31
Bewegungsinseln 130
Bildbeschreibung 76, 139
Bohnen hören 128

Cobal 38

Der Zauberreifen 104
Der Zaubertrunk 142
Die Künstlerin und ihr Werk 75
Die Schatzkiste /
    Variationen 124
Döschen sortieren 125
Dosenwerfen 154
Durch ein Blatt Papier
    gehen 116

Einbeinstand 25
Entfernung schätzen 141

Faltspiele 114
Fitnessstationen 145
Formen beschreiben /
    Variationen 98
Formen laufen 76
Fotograf und Kamera 98
Führen und geführt werden /
    Variationen 102

Gebäude erinnern 122
Gummigeometrie 132
Gruppenakrobatik 28

Handmalerei 33
Handschattenspiel 117
Hausbau mit Wäscheklammern,
    Zollstöcken und
    Zeitungen 21
Heulbojenspiel 100
Himmel und Hölle 116

Kartenlauf / Variationen 121
kleine Kämpfchen 28
Kraftkreis 27
Kreisdomino 141
Kreiselmeister 151

La-Ola-Murmelbahn 38
Laufdomino / Variationen 123

Mathefotografie /
    Variationen 152
Mörderspiel 34
Murmelmuster 139
Muster merken /
    Variationen 138

Nachsitzen 100

Ordnen nach Größe /
    Variationen 41

Paar oder Unpaar   2
Pantomime   75
Papierbrücke bauen   70
Pass auf!   113
Pfeilwurf   154
Positionen erkennen   120

Reifendrehen   34
Reifenstraße / Variationen   106
Reisebeschreibung   119
Rhythmen erstellen   105
Rhythmus in Bewegung /
    Variationen   104

Saturn / Balancespiel mit
    Variationen   145
Schätzen und messen mit dem
    Zollstock   144
Schattenbaukasten   135
Schatzhüter   54
Schaufensterpuppen   29
Schneidespiele   115
Schnick-Schnack-Schnuck   63
    Wattekreis   27
Seildurchschlag /
    Variationen   105
Seilschaften / Formen mit
    Seilchen aus- und
    nachlegen   137

Silhouetten legen   119
Streichholzspiele   110

Tangram   137
Tuchjonglage /Variationen   108
Turnhallenmathe /
    Variationen   147

Vom Körperraum zum
    Zahlenraum /
    Variationen   131

Waagebalken   73, 118
Was tun mit dem Papier?   75
Weidenbretter   134
Würfelstaffel /Variationen   145

Zahlen finden   126
Zahlen tropfen   127
Zielwurf   112
Ziffern auf den Rücken
    schreiben   129
Ziffern fühlen   129
Ziffern in die Luft malen   129

Bezugsadressen

Psychomotorische Fördergeräte	Karl H. Schäfer GmbH & Co. Großer Kamp 6–8 32791 Lage-Heiden
Domino (Schaumstoffbausteine) Varussell	Sport-Thieme GmbH Helmstedter Straße 40 38368 Grasleben
Cobal-Spiel	Gotthilf Benz Turngeräte Fabrik GmbH + Co. KG, Grüninger Straße 1–3 71364 Winnenden
Bamboleo Saturn	Zoch Verlag Brienner Str. 54a 80333 München
Holzbausteine/ A-bach-o-Murmelbahn	Martin Pierags Am Hofsee 32 18190 Gubkow
Weidenbretter	Wolfgang Weiden Weidenverlag Hillerstr. 32 50931 Köln
Schattenbaukasten	Dusyma Kindergartenbedarf GmbH Haubersbronner Straße 40 73614 Schorndorf

Praxisbücher zum Thema

Carin de Vries

Mathematik im Förderschwerpunkt Geistige Entwicklung
Grundlagen und Übungsvorschläge für Diagnostik und Förderung im Rahmen eines erweiterten Mathematikverständnisses

Dieses Buch richtet sich an Lehrkräfte, pädagogisches Personal in vorschulischen und schulischen Einrichtungen, Studenten der Sonderpädagogik und interessierte Eltern. Es bietet eine verständliche Einführung in theoretische Grundlagen mathematischen Denkens unter besonderer Berücksichtigung spezifischer Bedürfnisse von Schülern mit einer Beeinträchtigung der geistigen Entwicklung.

Die Ausführungen sind anschaulich durch Abbildungen und Bilder ergänzt, so dass sie auch fachfremden Lehrkräften eine wertvolle Hilfe bei der Auswahl von Planung und Gestaltung des täglichen Unterrichts sowie bei der Erstellung längerfristiger Förderpläne bieten.

Da das Buch sowohl theoretische Grundlagen als auch zahlreiche unterrichtspraktische Hinweise beinhaltet, kann es als eine gute Orientierungshilfe bei der Einordnung von Lernständen sowie entsprechenden Fördermaßnahmen angesehen werden.

3., verb. u. erw. Auflage 2014, 192 S., farbige Abb., Format 16x23cm, br
ISBN 978-3-8080-0726-6 | Bestell-Nr. 3619 | 17,80 Euro

Carin de Vries

DIFMaB Diagnostisches Inventar zur Förderung Mathematischer Basiskompetenzen – Hilfen zur Erfassung individueller Lernvoraussetzungen und Erstellung von Förderplänen

„... ein diagnostisches Instrumentarium, mit dem der Lernentwicklungsstand von Kindern im Bereich der Pränumerik bis hin zu den Operationen erfasst und die diesbezüglichen Kompetenzen gefördert werden können. Das ist eine einzigartige Leistung von DIFMaB, die nach meiner Kenntnis in einer vergleichbaren Form bisher nicht auf dem Markt vorhanden ist. Darüber hinaus ist es verständlich geschrieben wie kaum ein anderes Werk, dabei jedoch immer wissenschaftlich äußerst präzise: ein Werk somit, mit dem alle Lehrer (und nicht nur Diagnostik-Spezialisten) arbeiten können und sollten! Zusammengefasst ist DIFMaB nach meiner Einschätzung gegenwärtig das Diagnostik-Förder-Instrumentarium sowohl für Kinder mit als auch Kinder ohne sonderpädagogischen Förderbedarf. Es ist bereits im Kindergarten einsetzbar bis hin zur Oberstufe der Förderschule mit dem Förderschwerpunkt geistige Entwicklung." Holger Schäfer (Schneider, Hohengehren)

2., verbesserte Aufl. 2013, 72 S. Begleitheft mit Kopiervorlagen, farbig, geh + 54 Blatt Arbeitsblätter zum Zerschneiden, farbig, fester Karton, Format DIN A4, im Stülpdeckel-Karton | Alter: 6–10
ISBN 978-3-8080-0712-9 | Bestell-Nr. 3645 | 26,95 Euro

Ingeborg Milz

Rechenschwächen erkennen und behandeln
Teilleistungsstörungen im mathematischen Denken neuropädagogisch betrachtet

Unter neuropädagogischem Verständnis geht es darum, die Lernprobleme des Kindes (hier im Zusammenhang mit dem Rechenunterricht) von verschiedenen Seiten her einzuschätzen und „anzugehen". Dabei ist es unabdingbar, dass bei einer „Behandlung" von Rechenproblemen differenziert vorgegangen wird, mit einem Verständnis für den Aufbau mathematischen Denkens. Mit dem Einüben von Fertigkeiten, die an der sichtbaren Oberfläche des Problems liegen, ist es nicht möglich, eine wirkliche Hilfe zu geben. Dieses Buch ist als Handbuch für Pädagogen und Pädagoginnen gedacht. Montessori spricht vom mathematischen Geist, der schon im Kindergartenalter zu entwickeln sei. Wenn es dafür die „Vorbereitete Umgebung" gibt und die Haltung des Erwachsenen heißt: „Hilf mir, es selbst zu tun" und wenn der Erwachsene dann noch weiß, was zu tun ist, kann es für die „Entwicklung des mathematischen Geistes" nie zu früh sein. • „Für mich ist das Buch sehr praxisnah, und ich kann viele Anregungen aufgreifen. Es bringt wesentlich mehr als so mancher Fortbildungskurs." Grundschullehrerin

6. Aufl. 2004, 392 S., Format 16x23cm, fester Einband, Alter: ab 6
ISBN 978-3-86145-272-0 | Bestell-Nr. 8005 | 25,50 Euro

Wolfgang Beudels / Rudolf Lensing-Conrady / Hans Jürgen Beins

... das ist für mich ein Kinderspiel
Handbuch zur psychomotorischen Praxis

Die Autoren bieten hier eine nach Förderschwerpunkten geordnete Sammlung psychomotorischer Spiel- und Bewegungssituationen, die in praktischer Erfahrung im Förderverein Psychomotorik Bonn gewachsen ist. Die aus dem Förderalltag abgeleiteten Praxisbeispiele dokumentieren lebendig, wie Psychomotorik „sinn-voll" und mit viel Spaß in die pädagogische wie therapeutische Arbeit einbezogen werden kann. Es werden Grundsituationen vorgeschlagen, die vielfältig erweiterbar und variierbar sind.

Wenn auch der Altersschwerpunkt der Förderung sicherlich im Vor- und Grundschulbereich liegt, so wird doch deutlich, daß Menschen jeden Alters, ob gesund, entwicklungsbeeinträchtigt oder behindert, durch die Psychomotorik ein weites Anregungsfeld geboten wird. Hier können sie umfangreiche motorische und soziale Erfahrungen sammeln, deren positive Rückwirkungen auf das psychische Befinden unumstritten sind. Ein Klassiker und Standardwerk der Psychomotorik!

11. Aufl. 2013, 336 S., über 200 Fotos, Format 16x23cm, fester Einband | Alter: ab 3
ISBN 978-3-86145-221-8 | Bestell-Nr. 8523 | 22,50 Euro

verlag modernes lernen

Schleefstraße 14, D-44287 Dortmund
Telefon 02 31 12 80 08, Fax 02 31 12 56 40
Gebührenfreie Bestell-Hotline: Telefon 08 00 77 22 345, Fax 08 00 77 22 344
Leseproben und Bestellen im Internet: www.verlag-modernes-lernen.de

Fundierte Praxis ... Psychomotorik aus Bonn

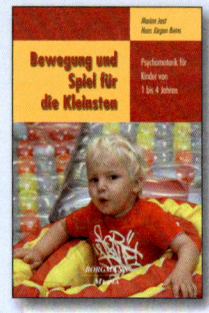

Marion Jost / Hans Jürgen Beins
Bewegung und Spiel für die Kleinsten
Psychomotorik für Kinder von 1 bis 4 Jahren

„Im Zuge der Diskussion um die Pädagogik der Frühen Kindheit (s. Beudels et al. 2010), in der Entstehung neuer Studiengänge und damit einer neuen Fachdisziplin im Kontext der allgemeinen Pädagogik, findet sich zunehmend Literatur zur bewegungspädagogischen und psychomotorischen Arbeit mit Kindern der Zielgruppe U3. Das vorliegende Buch besticht als konsequentes Praxisbuch. Zugunsten einer ausführlichen, sehr gut strukturierten und ansprechend gestalteten Spielesammlung, wird der theoretische Background kurz gehalten, ohne jedoch die theoretische Fundierung, hier insbesondere in Form von im Text enthaltenen Quellen- und Literaturhinweisen, gänzlich zu vernachlässigen.
Fazit: Ein sehr zu empfehlendes Praxisbuch für Eltern wie auch für Fachkräfte, die über die notwendigen theoretischen Kenntnisse bereits verfügen und auf der Suche nach interessanten, praktikablen Spielsituationen zu vielfältigen Wahrnehmungs- und Bewegungserfahrungen für Kinder zwischen 1 und 4 Jahren sind." Prof. Dr. Mone Welsche, socialnet.de

2. Aufl. 2015, 192 S., farbige Abb., Format 16x23cm, Klappenbroschur | Alter: 1–4
ISBN 978-3-938187-87-6 | Bestell-Nr. 9435 | 19,95 Euro

Hans Jürgen Beins / Thomas Klee
Bauen ist lustvolles Lernen!
Wie Kinder spielerisch Balance finden

Neben den klassischen Bauklötzen, Murmelbahnen und anderen Bauspielen gibt es viele tolle Materialien und Spielideen für Kinder. Dabei bieten Alltags- und Naturmaterialien oder Standardspielgeräte die besten Voraussetzungen, den Kindern Bau- und Konstruktionserfahrungen zu eröffnen. Die kleinen und großen Baumeister entwickeln verblüffende Variationen, die in diesem Buch anschaulich vorgestellt werden.
Dieses Buch zeigt vielfältige Möglichkeiten zum klein- und großräumigen Bauen und Konstruieren auf. Dabei werden unterschiedliche räumliche Gegebenheiten berücksichtigt. Spiele werden so variiert, dass sie sowohl in der Bau-Ecke, im Flur oder der Turnhalle umsetzbar sind. Einige Hinweise zur Beobachtung und Dokumentation von kindlichem Bauen runden das Buch ab. Die Bauspiele lassen sich mit Kindern von 2 bis 12 Jahren umsetzen und machen selbst Jugendlichen und Erwachsenen viel Spaß. Sie sind von den Autoren im Kita-, Schul- und Therapiealltag vielfältig erprobt und lassen sich auch zu Hause wunderbar spielen. Die verblüffenden Praxisideen entlocken nicht selten den Satz „Warum bin ich da nicht selbst schon drauf gekommen ...".

2014, 160 S., farbige Abb., Format 16x23cm, br | Alter: 2–12
ISBN 978-3-942976-14-5 | Bestell-Nr. 9460 | 16,95 Euro

Hans Jürgen Beins / Simone Cox
„Die spielen ja nur!?"
Psychomotorik in der Kindergartenpraxis

Die große Bedeutung von Bewegung und Spiel für die kindliche Entwicklung wird in den neuen Bildungsvereinbarungen und Bildungs- und Erziehungsplänen betont. Im Spiel können die Kinder neugierig sein und ihr Forschergeist hat seinen Platz. Sie lernen sich selbst und andere Kinder kennen und erschließen sich ihre Umwelt. Somit ist das Spiel die größte Lernquelle der Kinder. Eröffnet der Kindergarten eine lebendige Spielwelt, wird eine gesunde Lernumgebung geschaffen. Psychomotorik unterstützt die Selbsttätigkeit der Kinder, die sich in sinnvollem Spiel und vielfältiger Bewegung erleben und so lernen, selbstbestimmt zu handeln. Das Buch gibt vielfältige psychomotorische Praxisanregungen zu folgenden Schwerpunkten: 1. Bewegen – immer und überall • 2. Darstellendes Spiel / Rollenspiel • 3. Kindgemäße Entspannung • 4. Bildnerisches Gestalten • 5. Bauen und Konstruieren
Darüber hinaus gibt es Anregungen für einen bewegten Elternabend und für psychomotorische Spielfeste und Projekte.

3. Aufl. 2011, 320 S., viele Farbfotos, Format 16x23cm, fester Einband, Alter: 1–7
ISBN 978-3-86145-213-3 | Bestell-Nr. 8400 | 20,40 Euro

Hans Jürgen Beins (Hrsg.)
Kinder lernen in Bewegung

Dass Kinder gerade in Bewegung lernen, scheint oft außer Acht gelassen zu werden. Dabei gibt es aus unterschiedlichen wissenschaftlichen, pädagogischen und alltagsorientierten Sichtweisen vielfältige Hinweise für den engen Zusammenhang zwischen kindlichem Lernen und Bewegungsaktivität. Die Bewegung, die Wahrnehmung, das Spiel und das selbsttätige, entdeckende Lernen sind zentrale Bestandteile psychomotorischer Pädagogik. Sie spielen auch in den neuen Bildungsvereinbarungen und Lehrplänen eine wichtige Rolle, wenngleich es vielerorts an praktischen Umsetzungsideen mangelt. Das Buch und der Film auf der beiliegenden DVD zeigen in der Praxis und Theorie den engen Zusammenhang von Bewegung und Lernen auf. Es werden viele praktische Beispiele gegeben, wie Kleinkinder, Kindergartenkinder, Grund-, Sonder- oder Hauptschüler in Bewegung lernen. Dabei wird deutlich, dass Bewegung und Spiel die beste schulische Vorbereitung sind und auch im Schulalter unverzichtbare Lernquellen bleiben.
„Das Buch ist ein gelungenes Plädoyer für das Lernen in und durch Bewegung." Landessportbund NRW

2007, 176 S., farbige Abb., Format, **Beigabe Video-DVD (47 Min.)**, Format 16x23cm, fester Einband | Alter: 1,5–12
ISBN 978-3-938187-24-1 | Bestell-Nr. 9370 | 25,50 Euro

---

verlag modernes lernen

Schleefstraße 14, D-44287 Dortmund
Telefon 02 31 12 80 08, Fax 02 31 12 56 40
Gebührenfreie Bestell-Hotline: Telefon 08 00 77 22 345, Fax 08 00 77 22 344
Leseproben und Bestellen im Internet: www.verlag-modernes-lernen.de